不要看低自己

美国大学生都喜欢的
自我认知课

[美] 丽莎·M. 萨博 著
（Lisa M. Schab）

王金 译

**The Self-esteem
Workbook
for Teens**

自我认知是人最基本的心理需求，
可以给你带来安全感、
价值感和存在感。

北京联合出版公司
Beijing United Publishing Co.,Ltd.

图书在版编目（CIP）数据

不要看低自己：美国大学生都喜欢的自我认知课 /(美) 丽莎·M. 萨博著；王金译.
-- 北京：北京联合出版公司，2017.6
　ISBN 978-7-5596-0060-8

Ⅰ.①不… Ⅱ.①丽… ②王… Ⅲ.①成功心理-青少年读物 Ⅳ.①B848.4-49

中国版本图书馆CIP数据核字(2017)第068060号

THE SELF-ESTEEM WORKBOOK FOR TEENS: ACTIVITIES TO HELP YOU BUILD
CONFIDENCE AND ACHIEVE YOUR GOALS By LISA M. SCHAB, LCSW

Copyright: © 2013 by Lisa M. Schab

This edition arranged with NEW HARBINGER PUBLICATIONS

through BIG APPLE AGENCY, INC., LABUAN, MALAYSIA.

Simplified Chinese edition copyright: © 2017 Beijing KunYuanTianCe Culture Development Co., Ltd

All rights reserved.

北京市版权局著作权登记号：图字01-2017-2029

不要看低自己：美国大学生都喜欢的自我认知课
THE SELF-ESTEEM WORKBOOK FOR TEENS

著　　者：[美]丽莎·M.萨博
译　　者：王　金
出 品 人：唐学雷
责任编辑：管　文
封面设计：门乃婷
装帧设计：季　群

北京联合出版公司出版
（北京市西城区德外大街83号楼9层　100088）
北京联合天畅发行公司发行
北京盛通印刷股份有限公司印刷　新华书店经销
字数110千字　710毫米×1000毫米　1/16　12.375印张
2017年6月第1版　2017年6月第1次印刷
ISBN 978-7-5596-0060-8
定价：32.80元

一个人怎么看待自己，
决定了此人的命运，
指向了他的归宿。

——梭罗

序　言

　　自我认知是人最基本的心理需求之一，满足了这一需求，我们就能以此为中心，以存在感和价值感为半径，画出自己生命的圆圈，并由此感到充实、快乐和幸福。相反，如果这一需求没有得到满足，我们的内心也就失去了支撑点，没有存在感和价值感，生命也没有方向，很容易陷入自卑、孤独、迷茫、怀疑、恐惧和痛苦之中。

　　自我认知，意味着不再拿自己与别人作比较，而是深入内心，发掘自己生命中那些独特的东西，并加以接纳和认同；然后以此为基础逐渐成长为充满自信、正直阳光的人。

　　一个人的自我认知程度越高，他就越自信，越有存在感，也越容易获得成功和幸福。

　　有人认为年轻人提高自我认知度会导致一系列问题，例如以自我为中心、优越感、自我膨胀等，以至于变得外强中干，在社会上不堪一击。其实，上述这些现象并不是自我认知度提高后的表现，恰恰是自我认知度偏低的结果。

　　自我认知度偏低的人由于对自我的认识不是很清楚，既看不见，也不能接纳自己的独特性，所以无法从根本上获得内心的支持，存在感极低。为了弥补缺失的存在感，他们常常会与别人攀比，从而走向两个极端：不是看高自己，就是看低自己，得意时瞧不起别人，失意时瞧不起自己，始终在自大和自卑之间摇摆不定，从来不会客观公正地看待自己。

自我认知是积极关注自己，勇敢接纳自己，不仅要接纳自己的优点，也要接纳自己的缺点，不仅为自己的优势欢欣鼓舞，也懂得欣赏别人的长处。由于对自己的独特性全面接纳，对自己的价值深信不疑，所以他们不会与别人攀比，也不会轻易让别人的言论动摇自信。他们正直自律，对自己和他人都充满关爱，既能勇敢地去面对生活中的挑战，也能更好地与他人融洽相处，适应社会。无论别人说什么，也无论外部世界如何变化，他们都坚定不移地相信自身的潜力，尊重并信任他人。

一个了解自己的人，才有可能了解别人。

一个接纳自己的人，才有可能接纳别人。

一个认同自己也认同别人的人，才有可能做到公平公正，真正去践行人人平等。

《不要看低自己》是美国大学生都喜欢的自我认知课，不管是在理科精英汇聚的麻省理工学院，还是在窈窕淑女聚集的韦尔斯利女子学院；不管是在东海岸的哈佛大学，还是在西海岸的斯坦福大学，你都能看到不少人在运用书中的方法，抛弃攀比心理，接纳原本的自己，发掘生命的热情。

《不要看低自己》不是一本空谈道理的书，40节课，虽然每节课都很短，仅仅只有一千字左右，但每节课的观点都能深入人心，令人耳目一新，尤其是书中的实战演练，还可以教会我们必要的技巧，以及具体的操作方法，带领大家开启一场自我发现之旅。

正如读者评价："该书闪耀着智慧的光芒，就像一盏明灯，可以指引我们走进自己的内心世界，去了解自己的过去和现在，发掘自己的未来，避免受他人的影响。"

无论你的青春期是否顺利，也无论你是否大学毕业很多年，抑或成了老江湖，本书都能让你知道影响你思维、情感和行为的外部因素有哪些，什么是自我价值，什么是存在感，以及如何提升自我认知度，不要看低自己。请你相信，你和地球上其他人一样重要。

生活充满压力，压力让人迷茫、怀疑和畏惧。

当你迷茫的时候，正是你需要翻开这本书的时候，你将从中学到认同自己的方法，避免在外界压力下屈服。

当你怀疑的时候，这本书能够帮助你发现并关注到生活中美好的一面，以及自己的优势，给予你鼓舞和信心，让你不再自卑。

当你畏惧的时候，这本书能够赋予勇气，让你勇敢地接纳自己。接纳自己并不意味着不去提升自己。当你真正理解了自己的价值后，你也会更加珍爱自己。这恰恰是自我认知的目的。让自己的内心变得强大起来、迎接挑战并达成目标，这些都体现在本书的每一小节中。

不论你现在感觉如何，请相信自己有勇气来开展此次旅程。

不要畏惧冒险，祝你好运！

目录

不比较，
认同自己和他人

导 语

　　自我认知是对自身独特性的了解，是对自我价值的认同，也是一个人具有存在感的基石。要获得自我认知，首先需要我们放弃与别人比较的习惯，不攀比、不自卑、不自大。随着自我认知的深入，你会发现，每个人都有与生俱来的价值，你也一样。

　　凯蒂的父母从小就喜欢拿她与周围的孩子进行比较。每次比较都让凯蒂很受伤，觉得自己样样不如人，以至于形成了自卑心理。

　　最近，凯蒂考上了不错的大学，但即使是这样，她心中的自卑感依然如影随形。看着身边那些意气风发的同学，与他们（她们）比起来，她觉得自己既不漂亮，也不受欢迎，不聪明也没才艺，什么都做不好。

　　一天，凯蒂碰巧看到同学汤姆在练习空手道。他动作优雅，十分专注，看上去体格强壮，自信满满。汤姆在众人面前潇洒自如的表现，让凯蒂很是羡慕。

　　"你又聪明又自信，不像我，总是容易沮丧，老爱犯错。我要是你就好了。"凯蒂告诉汤姆。

汤姆微笑着对凯蒂说："人都会做错事，说错话，也会恐惧不安。你只是没有客观地去看待它们。你知道吗？我在上小学的时候，一直是个害羞的孩子。每天早上赶校车之前，我都会大哭一场。我之所以练习空手道，也是为了缓解自己的焦虑。"

"可是我觉得你很棒啊！"

"我们都一样。你只看到了自己的不足和别人的长处，以此来断定自己的价值。要知道，人人生而平等，每个人都有自己擅长的方面。这样一想，你就会好很多。不要比较，认同自己和他人，我们都是独一无二的存在。"

汤姆的话让凯蒂感到很温暖，也让她意识到与别人比较，忽视自己的独特性，正是她自卑和沮丧的原因。

然而，很多时候，我们身边像汤姆这样的人并不是很多。不管是父母，老师，朋友，同学，还是身边的其他人，都喜欢拿我们与别人进行比较——

"你看谁谁谁多有礼貌，你怎么不像她那样？"

"与谁谁谁相比，你努力得还不够！"

"她长得还行，就是与其他同学比身高差了那么一点。"

……

比较，虽然能够让我们看清与别人的差距，并产生"见贤思齐"的动力，也许这正是人们喜欢比较的原因，但是它所产生的正能量非常有限，所带来的伤害却很深很深，尤其是对那些刚刚进入新环境的年轻人。因为这时他们不论在身体上，还是情绪上都会产生巨大的变化。一方面他们急切需要存在感，渴望证明自己的价值；另一方面，由于自我刚刚形成，还不牢固，情绪也极不稳定，常常缺乏安全感，更容易自我怀疑。比较，无疑会扰乱内心，让他们紧紧将目光盯住自己的缺点，陷入自卑。

人比人，气死人。

在比较的道路上没有真正的赢家，大家都伤痕累累，从早到晚生活在羡慕嫉妒恨之中；更甚者趋炎附势，失去了做人的根本。

唯有抛弃与别人进行比较的惯性思维，我们才能开启自我认知的旅程。

实战演练 1

提高自我认知度之后，你就会清楚地认识到每个人的价值，这时的你既不会与别人比较，也不会为自己的不足感到羞愧，更不会因为自己的优势而蔑视他人。

阅读以下对话，选出你认为哪些回答反映了你是一个有自我认知的人。

"听说你们赢了自由泳接力，恭喜恭喜。"

□ "谢了，感觉好极了。对了，听说你跳水比赛也赢了，好

'棒啊。"

　　□ "我也不知道怎么赢的。我状态挺不好的。"

　　□ "和我比起来，其他人都慢得和乌龟一样。"

"听说帕特里克和你分手了，你还好吧？"

　　□ "再好不过了！反正我也要甩了他的，他老拖我后腿。"

　　□ "唉，我就知道，这事早晚都会发生。一旦了解我的为人，没人想和我在一起。"

　　□ "确实挺难过。不过现在我已经好很多了。"

"不好意思，你好像坐错位置了，你能核对下自己的票吗？"

　　□ "对不起对不起，我老干这种糊涂事。"

　　□ "我可是先来的。你就不能找个空座位吗？"

　　□ "不好意思，我弄错了。我的座位在后排。"

"嘿，那可是我的毛衣，你怎么不问我一下就穿了？"

　　□ "不好意思，你没在家，我就穿了下。我应当问下你的。"

　　□ "闭嘴。我穿比你好看多了。"

　　□ "我一定是脑子进水了，我穿上也不好看。这样吧，我再给你一件作为补偿。"

实战演练 2

你认为谁很"完美"？写下他（她）的名字。

_____

列举他（她）的缺点。

_____

_____

从自我认知度较低的角度描述你自己（极力与别人比较、忽视你的一切长处、仅仅着眼于你的不足、总想别人比你强的地方）。

_____

_____

从自我认知度较高的角度描述自己（不与别人攀比、意识到自己的长处、接纳自己的不足、相信每个人都有自己独特的价值）。

_____

_____

> **今日确认**
>
> 我不想和任何人比较，我有我的价值。

讲自己
的故事

导 语

每个人都有自己的故事，每个人的故事也都十分重要。不论你与谁为伴，去了哪所学校，抑或毕业后做什么工作，生活在哪个城市，对目前的状态是否满意，记住，你的故事只属于你自己。

讲自己的故事，而不是讲别人的故事，是自我认知的开始。

"你们心中最强烈的渴望是什么？"心理学教授史密斯向刚进校的大学生抛出一个问题。

顿时，课堂上热闹起来，有人说是"爱情"，有人说是"金钱"，也有人说是"工作"和"事业"。

教授在黑板上画了一个大大的圆圈，把学生们所说的渴望写在圆圈的周围，然后说道："你们说的这些渴望都很重要，它们构成了一个圆圈，能够让生活变得充实和饱满。不过，你们知道这个圆圈的中心点是什么吗？"

同学们面面相觑，心理学教授史密斯一字一句说道："这个中心点就是自我认知，你们的'爱情'、'金钱'、'工作'和'事业'都是以此为中心画出的圆。找到这个中心点，你才能把人生的圆圈画得更美更圆，相反，找不到这个中心点，或者中心点不稳定，圆就不成其为圆，生活就会过得懵懵懂懂。"

自我认知是人最基本的心理需求，可以给你带来安全感、价值感和存在感。实际上，你的一切活动都是围绕着这个中心而展开。

那么，如何才能找到这个中心点，获得自我认知呢？

生活中的点点滴滴成就了今天的你。

你所经历的事情，遇到的人，都会影响到自己。

讲自己的故事就是认识自己的开始。你的故事代表着你的历史。探索自己的历史有助于你理解自己的成长；讲自己的故事能让你获得自我认知和存在感，你还会因此感到自豪。

每个人都有故事，但很多时候，人们讲述的并不是自己的故事，而是别人的故事，是父母、学校和上司希望他们讲述的故事，这样的人戴上了厚厚的面具，很难获得自我认知。

每个人的故事都是独一无二的。即使我们住在同一座城市，去同一所学校上学，在同一个单位工作，或者出生在同一个家庭，我们能在这里读着这本书，经历也是不同的。

你独特的故事中包含着你的经历，承载着你的情感，有好也有坏。讲述自己的故事是对生活的探索、认知以及尊重，这样你在审视自己内心的时候，会越来越轻松，也更容易接近生命的核心。

实战演练 1

　　拿出一张纸，在纸上写出发生在你生命中的大事。比如上学或者转校、认识新朋友或者失去老朋友、同胞兄弟姐妹的出生、得与失、结婚或者离婚、旅行、快乐或者悲伤的时刻。在每件事情后面，写上当时你的年龄。

　　在下面那条线的最左边写一个 0，最右边写上你现在的年龄。再把刚才纸上写的那些事件按照发生时间先后标在这条线上，在每件事后写上你当时的年龄。如果你觉得某件事情不好，写在线的下面，好事则写在上面。如果你无法判断，则在另一张纸上再做一个时间轴。

　　完成后，再来看看这条时间轴，写下你的发现或感受。

_____

_____

_____

_____

_____

_____

实战演练 2

现在，我们要把自己的故事写出来（本页可能空间不足，建议写在另一张纸上或者打印出来）。这不是一篇作业，所以不用担心任何语法或者构思错误，把故事讲出来就好。你可以这样开头："从前"，"我出生在"，"我能记得最早的是"。

你可以为刚才时间轴上的事件补充细节，你也可以加上更多的信息，比如你的生日、假期、学校、工作单位、家庭成员、老师、同事、上司以及其他对你有影响的人等等。只要是你的故事，都可以写进来，字数不限。写完后，找一个你信任的人，大声地读给他（她）听。描述你在记录以及分享自己故事时的感受。

_____

_____

_____

_____

_____

"

今日确认

不讲自己的故事，无法获得自我认知。

你最大的优点，
是能发现自己的优点

导　语

　　你是谁，去过哪里，选择了什么样的道路，做了什么样的事，说了什么样的话，这些都不重要。重要的是，现在的你，身上有很多优点，发现它们，了解它们，拥抱它们，这是提高自我认知度最重要的环节之一。

　　玛雅进入大学新环境之后，生活似乎越来越糟。

　　大学的课程特别难，她跟不上进度；新交往的朋友也不爱搭理她，她感到很孤独；她的弟弟在高中又获奖了，而她什么奖也拿不到。

　　玛雅觉得自己一事无成，与周围的环境格格不入，整个世界都抛弃了她。

　　上周，自暴自弃的她在商场化妆品区偷化妆品时，被抓了个正着。考虑到她的具体情况，商场并没有起诉她，而是打电话告诉了她的父亲。

　　当父亲来到大学校园敲响玛雅宿舍的房门时，她心里一紧：完了，丢死人了，肯定会被父亲大骂一顿。不过父亲并没骂她，也没有责备她，而是和她好好谈了一番。父亲说他很担心她，认为虽然在商场偷化妆品并不能证明她品行不端，但至少说明她不能很好地控制自己的情绪和行为。玛雅的父亲这次来大学之前，请教过一位心理医生，他知道玛雅偷窃行为的心理动机并不是为了占有物质，而是为了发泄自己心中的不满和愤怒，至于这种不满和愤怒也不是针对别人，而是针对自己。实际上，玛雅对自己不满和愤怒的根本原因，是由于她的自我认知度太低，对自己太苛刻，总是在贬低自己，怨恨自己。父亲对她说，她应该多去关注自己的优点，不要总盯着自己的缺点，以及那些自己不喜欢的事情。

"我没有任何优点，只会把事情弄得乱七八糟。"玛雅说。

"如果连你自己都这么想，你永远不会开心。我知道你从高中进入大学后，生活环境的变化会让你感到陌生和不安，你需要时间来适应。不止是你，每个人进入新环境，或者面临人生转折的时候，内心都会感到忐忑不安，这是再正常不过的事情了。关键是你要提高自我认知度，对自己有信心，不要妄自菲薄，压缩自己的存在感。你越压缩自己的存在感，就越会对自己不满和愤怒。"

"是的，我对自己很不满意，也讨厌自己太敏感，太感性。"玛雅低着头说。

"也许，这就是问题的症结，每个人都有自己的特点，你应该接纳自己的特点，而不是排斥和拒绝。就拿你的敏感和感性来说吧。回忆一下，由于你很敏感，所以你从小就很有艺术天分，我和你母亲都为你感到骄傲。同样，由于你很感性，善于表达自己的情感，想象力丰富，很多人都愿意成为你的朋友。除此之外，你还很有爱心，经常帮助邻居照顾孩子，你母亲周末工作的时候，你帮了她不少忙。玛雅，你有很多优点，不要因为自己觉得的不好的一面，而忽略了自己的优点，进而越想越生自己的气，以至于用偷化妆品的方式来发泄。"父亲说道。

玛雅慢慢抬起头来，望着父亲。

"玛雅，你现在最应该做的事情是接纳自己的敏感和感性，直面自己真实的状况，认可自己的感受和想法，并喜欢上它们，而不是讨厌它们。你有自己不擅长的方面，也有自己擅长的方面，你会遇到讨厌你的人，也会遇到喜欢你的人。无论如何，你都要努力发现自己的优点，坚信自己是一个有价值的人，值得别人珍惜、信任和爱的人。"

父亲的一席话触动了玛雅的内心，她觉得自己被父亲理解了，感动得流下了眼泪。

实战演练 1

曾经，你是不是和玛雅有同样的感觉？那段时间发生了什么？

_____

别人可以指出你的优点，但是信不信则是你自己的事。同样，怎样看自己也是你自己的选择。当你总是关注不好的那一面，你有什么感觉？

_____

当你看着自己美好的一面时，你又做何感想？

_____

有时，我们的大脑也会欺骗我们，让我们相信自己的优点都是假象，又或者别人对我们的赞美全是谎言。你曾有过这种感觉吗？具体描述一下。

_____

想想你要从哪种角度看自己。是总盯着自己的不好，还是关注自己的优点？写出原因。

_____

实战演练 2

优点并不意味着你一定要赢了比赛、取得了成就，你的行为、思想以及品格都可以成为你的优点。一个人最大的优点在于，他能发现自己的优点。读这本书也是一个优点，因为这意味着你愿意接纳自己，有勇气和信心去发现自己的价值。

在以下优点中圈出符合你的优点。

善于倾听	忠诚	诚实	对动物友善	善于运动
可靠	有幽默感	勤奋	聪明	耐心
为人友善	忠实的朋友	真诚	有爱心	勇敢
讲卫生	有责任感	有兴趣特长		

每圈出一个，给出具体的例子。例如，如果你选了耐心，举出一个

反映了你耐心的具体例子，或者描述下通常你在什么情况下会有耐心。

———————————————————————————————

再找三个或者更多人，问问他们，你有什么优点，将他们的答案记录在下面。

———————————————————————————————

———————————————————————————————

———————————————————————————————

❝

今日确认

只有接纳自己，才会发现自己。

大脑的
化学信息

导　语

自我认知与自我感受紧密相连。

自我感受和大脑的物理构造有一定关系，而大脑不同部位的工作原理、释放出的化学物质主要受遗传因素的影响。

大脑是一个巧夺天工的器官，它是我们身体的总指挥，掌管着一切事物的运作，当然也包括对自我的认知。

大脑内部也有明确的分工。比如，深层边缘系统控制着我们的情感系统，影响着我们看待事物的态度，如果该部分活动增强，将会带来消极的思维，降低自我认知度；基底神经节影响着我们的焦虑和紧张的程度，当该部分活动增加时，我们会突然感觉好像有人在审视自己；前额皮质调控着注意力以及组织技能；扣带皮层影响着灵活性和合作性；颞叶则和记忆、感情波动以及侵略性挂钩。无论哪个部位的活动出现了异常，都会影响到我们的行为和自我认知。

和其他系统一样，大脑的活动也受到了化学物质或者神经递质的影响。这些化学物质的数量和移动模式影响着我们的情绪、认知以及行为。比如血清素有助于提升我们的幸福感；多巴胺则和大脑的奖励机制有关，能够激励我们；去甲肾上腺素影响着我们的注意力。这些化学物质的含量一旦发生变化，我们的情绪就会出现波动，或者变得高兴，或者更容易沮丧。

大脑的生理功能与生俱来，遗传自我们的祖先。明白这一点，我们也就更加了解了自己独特性的起源。

实战演练 1

打造自己的基因家谱。

你的名字

　　在图中按辈分填写你父亲、母亲、祖父母、外祖父母的名字。如果能记得的话，可以加入曾祖父祖母、叔叔、姑姑、表兄弟姐妹等其他人。在每个人的名字下面，写上一两个能形容他（她）性格的词语。

　　你可以从以下词语中选择，也可以写些别的。

　　如果你还不太了解你的亲戚，可以向家里其他人询问。注意，如果别人不愿意透露自己的信息，请尊重他（她）的隐私。

焦虑	随遇而安	古怪	容易上瘾	忧郁
有创作力	悲观	乐观	有艺术天分	孤家寡人
心平气和	喜怒无常	敏感	害羞	霸道
诡诈	合群	内向	吵闹	安静
外向	有趣	具有侵略性	完美主义者	聪明
懒惰	有信仰	勇敢	胆小怕事	叛逆
消极	勤恳	成功	僵硬死板	爱冒险

实战演练 2

　　看一看刚才你画的族谱，回答以下问题：
　　你的性格和哪个亲戚最像？

_____

　　你的性格和哪个亲戚最不像？

_____

别人觉得你和哪个亲戚的性格最像？为什么？

_____

家谱中有没有性格相似的亲戚？分别都是谁？

_____

你觉得自己的自我认知有没有受到大脑化学机制的影响？给出理由。

_____

参考家族遗传史，列出自己在提高自我认知度时需要关注的方面。

_____

_____

今日确认

每个人都会受到生理因素的限制。

父母贬低你的话，
并不能反映你的价值

导 语

　　家人传递的信息对自我认知有着很大的影响，尤其是当你还是一个孩子的时候。由于孩子的理解能力有限，对家人传递的信息无法正确理解，所以很容易导致自我认知的扭曲。而成人则具有辨别能力，面对同样的信息，他们可以有选择性地去相信。

　　大学减压互助小组内的分享已经进行到了第四阶段，狄伦仍然很困惑。他觉得自己的脑海中总是盘旋着一些声音，提醒自己什么都不行。有时，这种想法过于强烈，他觉得特别难受。不过在听完其他人的讲述后，他觉得和自己比起来，其他人的处境其实更糟糕，更令人沮丧。对于自己的遭遇，他有些羞于启齿。于是他就在下课后告诉了他们的心理老师钱尼。

　　"我的脑海中一直有一个声音，说我这也不行那也不好，都快把我逼疯了。我觉得自己什么都做不好。"狄伦说道。

　　"是不是有人真的说过你不行呢？"钱尼老师问道。

　　"小时候，父亲说过我。他总是说，你要努力踢足球，努力端正态度，做什么事都要努力。当我有了进步的时候，他还会让我更加努力。

在父亲眼里，我做什么都不行。"

"那现在你有这样的想法也就不足为奇了。小时候听到的话、看到的事，长大后仍然会影响到我们。父母养育了我们，是我们生命中最重要的人，他们的话语对我们的影响更大。在自我认知的道路上，他们更是扮演了重要的角色。"

心理学家艾伯特·班杜拉说："人很容易受其他人的影响，喜欢模仿、学习他人的行为。"人学习模仿的对象可能是与自己亲近的人，也可能是在电影和电视中看到的自己喜欢、尊敬的角色。对于孩子来说，最亲近的人是自己的父母。父母可以说是孩子的第一任老师。在培养孩子的自我认知方面，父母是最早给予影响的人。父母的性格、价值观以及整个家庭氛围会直接影响孩子的自我认知。

很多心理学家认为，父母应该向孩子传递积极向上的信息，帮助他们健康成长，并做到如下几条：

不苛求孩子成为一个完美的人。

了解自己孩子与其他人孩子的差异，但是不作比较。

认可自己的孩子，用温柔的话语与孩子交谈。

帮助孩子表达自己真实的感情和需求。

认为孩子是独立的人格体，找一些孩子能够独立完成的事情。

记得孩子的优点、特长和喜好。

为孩子制定可以实现的目标。

孩子犯错时，只批评孩子错误的地方。

关注孩子在学校生活中遇到的各种问题，并帮助孩子克服这些问题。

　　不过，值得注意的是，这是一种理想的状态。在实际生活中，父母教养我们虽然尽心尽力，但人无完人，父母也会犯错，有时他们会传递出消极的信息。我们一定要牢记的是，这些负面的信息并不能反映我们的自我价值。比如，很多父母从小就对孩子有着各种各样的野心，他们希望自己的孩子比其他孩子学习好，能够考上常青藤大学，将来出人头地。但是，这些父母过分严格的管教，却会让孩子产生自己样样不如人，做什么都不行的认识。

　　尽管小时候你对父母的话会不假思索地全盘接收，甚至还会进行错误的解读，这严重地影响了你的自我认识，但是，作为一个成年人，意味着你在精神上完全脱离父母，具备了明辨是非的能力，所以，现在对你听到的话，一定要仔细甄别，哪些有利于你构建自信心，哪些对你不利。就让那些贬低你的话随风而逝吧。

实战演练 1

你觉得狄伦的父亲为什么总是要他更努力呢？

_____

_____

狄伦对此有何感受？

_____

_____

你觉得狄伦的父亲爱他吗？为什么？

_____

_____

为了提高自我认知度，狄伦应该做些什么呢？

_____

_____

实战演练 2

你的亲人曾向你直接表达或者暗示过以下哪些话？画出它们。

"你还不够努力。"

"你还不够好。"

"你永远也做不好。"

"看看你哥哥（姐姐），再看看你。"

"你快把我逼疯了。"

"你为什么要这样对我？"

"你什么时候才能懂事。"

"你是不是傻。"

"都是你害的我。"

"你本来可以做得更好。"

"你凭什么生气啊？"

"看看你做的好事。"

"你就没一件能做好的事吗？"

"你是怎么活到现在的？"

"长点心吧。"

除了以上语句外，你的脑海中是否也萦绕着一些自我贬低的想法，写下来。

_____

_____

这些想法如何影响到现在的你？

_____

_____

在另外一张纸上，把那些你想要从脑海中踢出的想法再写一遍。将这张纸放进碎纸机或者撕毁后扔掉。时刻提醒自己，我的大脑我做主，选择积极的信息。

> ## 今日确认
>
> 我不在意，那些贬低我的话就没有意义。

社会上的话，
你不要全信

导　语

　　除了家庭，社会传递的信息也在很大程度上影响着我们的自我认知。广告想扭曲你的认知，以便牟利；媒体竭尽全力想影响你的价值观。切记，社会传达给你的信息有好有坏，你不能不听，也不能全听。

　　在汉农教授的心理课上，学生们在讨论社会文化中传递出的价值观，他们要从广播、电视、因特网，以及报纸杂志上找到例子。

　　"我看到的都是汽车广告，说哪些车最热门、哪些车跑得快。"马克斯说道。

　　"杂志和电视上的那些人又瘦又漂亮。真讨厌，我再也不看这些广告了。"惠特尼嚷嚷道。

　　"总有广告教人怎样去赚钱。大家都掉到钱眼儿里去了。"贾里德如是说。

　　"我看到的广告都是提倡绿色生活。我们应该减少浪费，对物品回收再利用。"劳拉则有不同的看法。

"大家的例子都很好。"汉农教授总结道，"媒体反映了社会的价值观。这样看来，我们的社会看中的是什么呢？汽车、金钱、美貌和环保。"

"现在，想一想，你们有没有受到这些因素的影响呢？如果社会所提倡的事物，你有或者没有，会给你的自我认知分别带来什么样的影响呢？例如，社会舆论认为考上常青藤大学是迈向成功的第一步，你的很多同学都考上了，而你仅仅考上了一所很一般的大学。这时你会不会觉得自己低人一等？又或者你真的考上了常青藤大学，你会不会觉得自己高人一等呢？"

实战演练 1

小时候你看过哪些电视节目？

_____

这些电视节目中传递出了哪些社会价值观？

_____

电视节目中透露出了什么样的审美观？

_____

你记得哪些广告？

_____

这些广告反映了什么样的社会价值观？

_____

那时你可能还不太懂什么是政治问题，但你是否对某些政治事件有些印象呢？

_____

在学校学到了哪些社会价值观？

_____

写完后，把这些问题的答案再重新看一遍，想一想，这些社会信息是如何影响了你现在的自我认知？

_____

有哪些价值观你不愿意再相信了？哪些你仍然会继续相信？

_____

实战演练 2

如果你能建立一个社会，你希望这个社会是什么样的？

_____

_____

在你的社会中，为了帮助人们健康成长，你会向他们传递何种信息？

_____

_____

如果在你小的时候，你能接触到这样的信息，现在的生活会有什么不同呢？

_____

_____

在镜子前，将这些信息读给自己听。

今日确认

社会传递的信息，我不一定要全部相信。

永远站在
自己这边

导　语

　　自身传递的信息对自我认知尤其重要。例如，遇到阴雨天，有的人可能会给自己传递消极的信息，也有人可能会给自己传递积极的信息。如果你能辨识、摸索和评价这些信息，你就能学会与自己沟通的方法，提高自我认知度。

　　无论是否开口说话，事实上你整天都在和自己"对话"。你的脑海中一直进行着一场会话，这个内部的声音不停地向你传递着信息，时刻影响着你的自我感知。

　　我不应该说那些话……

　　那真是一部精彩的电影……

　　我真的喜欢她……

　　他真的很粗鲁……

　　我讨厌这所大学、这份工作……

　　我不敢相信我又失败了……

这个味道好差……

……

这些信息一直萦绕在你的脑海里。

你向自己传达的这些信息影响着你的自我认知。

当斯凯拉在一场乐队演奏会上犯了一个错误时，她对自己说，"要是我没有犯错该多好，不过我已经进步了，这就很好了。"当她没有收到舞会的邀请时，她告诉自己"我仍然有很多朋友可以共度今晚"。她正确的自我认知帮助她即使在挫折中也能保持自信。

当史蒂文在一场乐队演奏会上犯了一个错误时，他对自己说，"我永远也学不好这个"。当他没有收到舞会的邀请时，他告诉自己，"没有人愿意和我交往"。他扭曲的自我认知导致了他的自卑和脆弱，也压缩了他的存在感。

绝大多数人认为，是身边发生的事情在影响着人的情绪、想法和行为。但是，从斯凯拉和史蒂文的经历中，我们却了解到，即使犯了相同的错误，遭遇相同的挫折，不同的人也可以有不同的解读，进而产生不同的感受、想法和行为。所以，不是你经历的事情决定了你的反应，恰恰是你对事情的反应决定了这件事情对你的影响。换一种说法，是你的自我认知决定了你对事情的反应，深刻影响着你的存在感、人生和命运。

自我认知扭曲的人即使取得了成绩，也会认为自己凭借的是侥幸，靠的是运气，而当他们真的犯了错误和遭遇失败时，又会这样认为："你看，我没说错吧，我就是一个一无是处的人。"

自我认知的扭曲源自于童年时的经历，如果你的父母总是对你指责、不满和冷漠，你就会认为"自己是一个没有价值的人"，对于童年的这种想法，你总是会坚定不移地相信，进而影响你的感受，让你对生活中发生的一切事情都用这种自卑的灰色来涂抹和解读。

但是，随着一天天长大，自己辨别是非的能力增强之后，你就应该深入内心，学会与自己沟通，剔除那些让你感到自卑的信息，纠正被扭曲的自我认知，永远站在自己这边，珍惜自己，激励自己，让人生变得明亮而充实。

实战演练 1

回顾一下你在生活中向自己传达的信息。如果你记不清了，就预测一下，当发生下列事情时你会对自己说什么呢？

第一次学习骑车时从车上摔下来。

_____

在学校中学一些东西很吃力。

_____

被一个朋友拒绝了。

_____

投篮没有命中。

被父母训斥了。

没有被选为团队最佳。

在接下来的几天中，聆听自己的信息。注意日常生活中不同场景下你的自我反应。在下面的表格中记录下来，看看自己用了几次这些词，并在自尊提高、降低或者不变三个选项中画圈。

自我认知	使用次数	自尊变化		
		提高	降低	不变
		提高	降低	不变
		提高	降低	不变
		提高	降低	不变
		提高	降低	不变
		提高	降低	不变

		提高　　降低　　不变
		提高　　降低　　不变
		提高　　降低　　不变
		提高　　降低　　不变

圈出下列能描述你自己的词语。在空白格处添加自己的描述。

积极的	严厉的	和蔼的	理性的	＿＿＿＿
侮辱的	富有同情心的	关怀的	否定的	＿＿＿＿
公平的	粗鲁的	无理的	考虑周到的	＿＿＿＿
温柔的	冒犯的	恩爱的	不公的	＿＿＿＿

和你传达给朋友的信息相比，你对自己的认知怎么样？

更好　　　　　　　　一样　　　　　　　　更差

实战演练 2

写出五句能帮你建立自信心的话。

1.＿＿＿＿＿＿＿＿＿＿＿＿＿＿＿＿＿＿＿＿＿＿＿＿＿＿

2.＿＿＿＿＿＿＿＿＿＿＿＿＿＿＿＿＿＿＿＿＿＿＿＿＿＿＿

3.＿＿＿＿＿＿＿＿＿＿＿＿＿＿＿＿＿＿＿＿＿＿＿＿＿＿＿

4.＿＿＿＿＿＿＿＿＿＿＿＿＿＿＿＿＿＿＿＿＿＿＿＿＿＿＿

5.＿＿＿＿＿＿＿＿＿＿＿＿＿＿＿＿＿＿＿＿＿＿＿＿＿＿＿

从下列方式中任选几种，将上述话传递给自己，然后坚持到底。

· 在镜子面前大声说出来。

· 给自己发短信。

· 给自己发邮件。

· 把这些话写在便笺上粘在你能经常看到的地方。

· 在你的作业簿上写下这些话。

· 在你的社交网站上写下这些话。

· 在你的语音信箱中录下这些话。

· 将这些话写在信中邮寄给自己。

今日确认

别人如何看我没关系，最重要的是我如何看待自己。

没有人是残次品

导 语

人人生而有价，从无例外，你也一样。

有时，你会觉得和别人相比，自己就像一个残次品，毫无价值。你对自己的这种看法和感觉在心理学上称之为"自我价值感"。

哈佛大学教授约瑟夫·金说："自我价值感是你对自己形成的一种内在信念，它深刻地影响着你对事物的感受、认识，以及你的行为"。

有人每天都感到很幸福；有人则对万事万物都失去兴趣；有人失败之后会重新开始；有人还没有尝试就陷入绝望之中……而决定这一切的正是人的自我价值感。

梭罗说："一个人怎么看待自己，决定了此人的命运，指向了他的归宿。"

自我价值感的高低决定了一个人的存在感和幸福指数，也决定了他喜欢攀比的程度。如果一个人的自我价值感比较脆弱，那么，他对外界认知度的需求就比较强烈。也就是说，他迫切需要外界的认可才能获得存在感。从这个角度来看，喜欢攀比的人都是自我价值感较低的人，对自己不满意的人，也是欠缺存在感的人。相反，那些自我价值感比较牢固的人，对外界认知度的需求则相对较少，因为他们对自己的价值深信不疑，本身就能感知到自己的存在，不喜欢攀比，也不容易被外界的言论所撼动。

自我价值感是一个人内部的核心，它给我们提供源源不断的心理资源，有人把它比喻为一个人赖以生长的"根"。如果这个"根"强壮，我们的生活就会充实而饱满。相反，如果这个"根"变得脆弱，甚至遭到破坏，就会给我们带来各种各样的问题。

自我价值感较高的人有如下特点——

有很好的沟通能力。

爱自己，也容易接受他人的爱。

选择适合自己的东西。

尊重他人与自己的差异。

出现问题时，与他人一起积极面对。

接受自己现在的状况。

会考虑各种各样的应对方案。

灵活地思考。

能够为自己的选择负责。

常常会反省自己。

对他人信任、诚实。

对自己的感情、失败、人性有着正确的认识。

喜欢尝试新鲜事物、喜欢冒险。

对现在的自己给予肯定，会展望未来。

自我价值感较低的人常常会出现下列情况——

与他人沟通不畅。

只希望得到他人的爱，常常在他人面前炫耀自己。

认为自己什么事情都做得很好。

常常会责难他人。

遇到问题时总是推卸责任。

常常对自己的现状不满。

呆板、顽固。

所有东西都看不顺眼。

常常把义务与规矩混为一谈。

以貌取人。

常常攻击他人。

压抑自己的感情。

只选择安全、熟悉的东西。

陷入过去不能自拔或者安于现状。

自我价值感脆弱的人往往会过于关注自己的不足，他们看低自己的那些想法就像乌云一样笼罩在周围，影响着他们和周围人的关系，以及他们的活动和成就。要知道，那些想法是错误的，毫无根据的，应该彻底清除。

没有人是毫无价值的，所有人的出生都是一个奇迹。医院的产房不会分成两间，一间放着有价值的孩子，一间放着没价值的孩子。所以你认为自己没有价值的想法是大错特错。

实战演练 1

想想你曾经遇到的新生儿。如果没见到过，就想象一下。那个小小的婴儿，降临人间，呼吸了第一口空气。无助的他（她）完全依赖于自己的监护人，天真而又无邪。此时在场的医护人员会对婴儿的父母说什么呢？在可能的话语前打钩。

☐ "这个孩子没别人家的好。"

☐ "显然，这个孩子毫无意义。"

☐ "你们生了一个毫无价值的小孩。"

☐ "这个小孩没有任何潜能。"

☐ "这个孩子的出生就是个错误。"

☐ "你的孩子看上去没什么用。"

医生如果这样说一个孩子，是不是很荒谬？同理，如果你这样想自己，也很荒谬。你生而有价，你的价值不会随着时间消逝。

在下面的画框中，画上或者粘上你婴儿时期的图片，在下面的横线上写上自己的名字。

将这句话抄写在下方：沧海桑田，兴衰荣辱，唯有自身价值永不改变。

实战演练 2

你是否也曾经怀疑过自己的价值？描述一下当时的场景。

那时你对自己说了什么？

举出实例，提供确凿信息，证明自己确实没有价值。比如，你的出生证上就写着"无用"两个大字。

为什么你觉得自己没用呢？

写段话，向这个谎言说"不"。

今日确认

和每个来到世间的孩子一样，我无比珍贵。

完美的
多样性

导　语

　　从基因的角度来说，你就是你，独一无二。这就意味着你只能沿着自己的道路前行，努力提升自我，才会获得成功和幸福。

　　在心理学课上，大学教授问学生："你身上最贵重的东西是什么？"

　　有人回答是手中的苹果手机，或者其他值钱的物品，也有人回答说是内在的品质，比如勇气、善良和坚韧等。

　　最后，教授给出的标准答案是——人身上最贵重的东西是自知之明。

　　有自知之明，意味着你对自我的认知程度很高，对自己的价值很了解，不需要通过别人来证明。相反，没有自知之明的人对自我的认知程度很低，感觉不到自己的存在，所以喜欢与别人比较。

　　在比较中，你对自己很不满意，自然就会羡慕别人。于是你开始模仿别人，从而走上了一条注定失败的道路。你永远不可能变成别人，就像老鹰不是火烈鸟，高耸入云的常青树和橡树也截然不同。

　　多样性与差异性是自然的常态。你看大自然中，飞禽走兽、游鱼昆虫、树木花朵，哪个不是种类繁多？有了差异和不同，才会有更好的分工，自然界才得以正常运转。动植物多种多样，人类亦如此。

每个人都是一个独立的个体，都有自己独特的细胞、基因、想法、感情以及才能。我们要想成功，就必须沿着自己的道路前进。

辨认出自己的独特之处，并为之欢欣鼓舞。

当我们偏离了自己的道路，想要去追寻别人的脚步，即使我们全力以赴，最后仍会失败。也只有在我们努力成为最好的自己时，我们才能感到自信、充实和幸福。

实战演练 1

如果全世界只有一种植物，那会怎么样？

_____

如果只有一种动物呢？

_____

你有没有偶尔想过变成别人呢？如果你不断努力，最终会和他（她）一样吗？

_____

如果全世界所有人的技能都一样，会怎么样呢？

_____

如果每个人从事的工作都一样，会怎样呢？

如果所有人长得一模一样，又会怎样呢？

实战演练 2

　　想象一下，如果一个世界中所有的生命，包括植物、动物、昆虫等等，都长得一模一样，那会是个怎样的世界？

　　把它画在下方。记住，所有种类的生命都必须一模一样。

　　现在看看你画的图，有什么想法？

现在我们来描绘下现实世界，不过要画成毫无差别。比如，你养了一只拉布拉多和一只藏獒，但是你要把它们画成一模一样。再比如，现实生活中，你有一个体育好的朋友，你们经常一起出去运动，你还有一个朋友很幽默，你们经常一起看电影。你要把这两个朋友画得毫无差别。

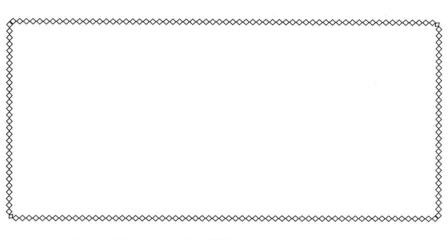

画好后看看这幅图，有什么想法？

_____

今日确认

追寻自我，走向成功；追寻他人，必将失败。

看一个人的外形，
并不能判断他的价值

导 语

你的外形和自我价值毫无关系。人的身体只是一个神奇的容器。拥有了它，人们就可以在地球上生活。人人都有身体，而所有人的身体终将耗尽，无一例外。

大学田径运动会结束后，塔拉非常开心。她不仅在 100 米短跑项目中获得了冠军，还在今天早上的生物学考试中拿到了优秀。回到宿舍后，她拿起一本时装杂志，舒服地看了起来，准备好好放松一下。

几分钟之后，她看着泳装的广告，喜悦之情烟消云散。上面的模特皮肤有光泽，又高又瘦。她们被一群帅哥包围，看上去无忧无虑。塔拉心想："唉，短跑和分数又算得了什么呢？我永远也不可能像她们那样啊。"

第二天，学校来了一位嘉宾给大家做讲座，主题正好就是媒体图片宣传。发言者说："要知道，我们在广告中看到的并不真实，都经过了处理。"然后，她在电脑中让大家看一张图片，图片中的人外表很一般，可是她在键盘上按了一下，图片中人的眼睛变大了，大腿变细了，皮肤的颜色也变成了古铜色。

　　她还谈到了经销商在身体外形上所做的文章："每年，商家都会投入几十亿元的广告费，让我们相信身体美最为重要。如果我们精心保养我们的身体，生活就会开开心心，一帆风顺。如果我们被洗脑了，就会去买这些减肥和护理产品，让他们大赚一笔。为了追求广告中模特那种不真实的效果，我们还会不断去买新产品。其实我们完全可以跳出这个陷阱。想一想，人的品质要比外貌更可贵。身体只要还在工作，就应当心存感激。"

　　她指出，"人们经常会忘记身体的真正功能：看、听、吞咽、触摸、消化、休息、愈合、品尝、吸收养料、移动以及繁殖。我们常常会在关注身体外形的时候，将这些真正可贵的功能抛之脑后。同时，我们会将外貌和自身价值联系在一起。只有更高（矮）、更瘦（胖）、更白（黑）、衣服更多，我们才会更快乐。这些错误的想法会降低自信心和存在感。"

　　听了这些话后，塔拉想了想自己在田径和考试上的表现，得益于自己健康的身体和大脑。她觉得确实没必要看重外貌。

实战演练 1

　　在以下两个框内分别贴上你小时候的照片和现在的照片。

随着长大，你的身体发生了变化，观察图片，写出这些变化，画出那些影响到你自身价值的变化。

_____

_____

_____

以下词语均和你的身体有关。在每个词语的旁边，分别写上其功能。如果你觉得值得对某个部位的存在心存感恩，在旁边画上一颗星。

_____ 血管	_____ 肺	_____ 心脏
_____ 膝盖骨	_____ 脚指甲	_____ 消化系统
_____ 手肘	_____ 眼球	_____ 耳膜
_____ 皮肤	_____ 乳头	_____ 生殖器官
_____ 味蕾	_____ 腿骨	_____ 手指
_____ 牙齿	_____ 鼻孔	_____ 肚脐

下面列出的这些名人，他们的事迹广为赞颂，代代相传。那他们对社会做出的贡献和长相有关吗？圈出那些和长相有关的人。

马丁·路德·金	亚伯拉罕·林肯	威廉·莎士比亚
艾伯特·爱因斯坦	特蕾莎修女	弗洛伦斯·南丁格尔
圣雄甘地	克里斯多弗·哥伦布	纳尔逊·曼德拉
埃莉诺·罗斯福	居里夫人	J. K. 罗琳
托马斯·爱迪生	尤利乌斯·恺撒	伽利略

死后你最想让别人记住的是什么？（是你的长相？还是你对社会做出的贡献？你对他人的关爱或帮助？你的成就？……）

_____

实战演练 2

在接下来的几天，在下方横线上记录下你从各种媒体上看到的关于身体的消息。如果内容属实，将 T 涂上颜色，如果是虚假诓钱的内容，涂 $。

T $ _____

T $ _____

T $ _____

$ 后的那些消息对你的自我价值感有何影响？

_____

_____

❝

今日确认

我不会让广告控制了人生。

犯错是人类
的天性

导 语

　　每个人都不完美，包括你自己。完美是不可能的，你和所有人一样，都注定要犯错误。生命不息，错误不止。这和你的价值没有关系。

　　当杰克听到终场的哨声，他多么希望自己能在体育馆里挖个地洞钻进去。他错失了绝杀的机会，让他的球队、他的学校，甚至他的城市在决赛中出局。他默默地离开球场来到更衣室，只想悄无声息地离开。

　　球队里其他球员陆续跟了进来，他们拍了拍杰克的肩膀，夸奖他打得不错。

　　"别担心，我们明年还有机会。"一名队友说道。

　　但是，杰克能感受到大家的沮丧，他好恨自己让球队失望了。他没有沐浴更衣，直接拿起自己的行李袋走了。他一点都不想待在那儿。

　　这时，他听到安德森教练喊他："嘿，杰克，让我们谈谈。"

　　教练搂着杰克的肩膀，带他来到了停车场，坐进自己的车里。

　　"我现在不想说话，"杰克说道，"我感觉自己糟透了。"

　　"那你就听我说。"教练说道。

　　他告诉杰克自己在大学季决赛时也曾错失过同样的一个绝杀球，当时他也觉得自己再也无法面对球队了。

　　"你也有这样的经历？"杰克问道，"你可是一名出色的球员，一位令人敬仰的教练啊！"

　　"我们每个人都会犯错，犯错是人类的天性之一。你注意到每个电脑键盘都有一个 delete 键吗？它们不是专为某些人设计的。每个人都需要这个键，因为每个人都会犯错。

　　"如果你把每个错误都看成是生活的一部分，并且是一次学习和成长的机会，那么你就会下意识地觉得犯错是一件好事。就像那个经典的故事中，当托马斯·爱迪生试验了 900 次终于发明了能用的灯泡后，有人问他如何评价自己的失败经历，爱迪生说：'我没有失败过——我只是发现了 899 种不能制造出灯泡的方法。'"

实战演练 1

　　在一张单独的纸上，记录不同人犯过的错误。也许你的弟弟在跑步时摔倒了；也许你的爸爸打翻了咖啡；也许你看到了一起交通事故。人们的错误是无穷无尽的。看看收集 100 个错误需要多长时间，当然这些错误也包括你自己的。

实战演练 2

改变对自己的看法。列出你在犯错时脑海中浮现的消极想法。

_____

_____

_____

现在画掉那些消极的想法，写下新的积极的想法，它们会帮助你接受不完美，并更好地认识自己。

_____

_____

_____

想想你最近犯过的一个让自己很沮丧的错误。闭上眼睛，做几次深呼吸，放松下来。现在想象自己犯了同样一个错误，但是以积极的态度回应它。想象一下你的言行会不会不一样，要让积极理性的思考成为自我认知的一部分。

> ## 今日确认
>
> 错误不可怕，每一个错误都可能成为你成长的阶梯。

攀比的
杀伤力令人畏惧

导 语

自我价值感和攀比无关，它并不取决于其他人对你做了什么或者没做什么。实际上，自我价值感越低的人，越喜欢攀比。不过，越攀比，他们所受到的伤害也就越深。如果不再和他人攀比，着眼于深入内心，提高自我认知度，我们的自我价值感会提升得更快，也更稳定。

考试考不过别人，你会不会觉得自己不如他们聪明？身高不如同学，你会不会自惭形秽？工作和收入不如别人，你会不会觉得低人一等？周围到处都是"别人"，他们更漂亮、更自信、更有钱、更有才、人缘更好。你一直在攀比中度日，日子很不好过。

又或者，和那些不合群的同学比起来，你觉得自己很受欢迎。和成绩差一些的朋友比起来，自己成绩更好；和那些不漂亮、不合群、麻烦更多的同学比起来，你自我感觉良好。

攀比，可能会在短时间内降低或者提高我们的自我价值感，但这种变化都是不真实的，当我们再和另外一个人去比较的时候，自我价值感又会产生新的变化。如果我们的自我价值感随着比较对象的不同而波动，很不稳定，这是非常不健康的。

对于自我价值感来说，攀比是最可怕的大规模杀伤性武器。

实战演练 1

在左边一栏，写下三个不如你的人的名字。和他们比较时，你有什么感觉？在下方刻度表上标出你的自我价值感指数。

在右边一栏，写下三个比你强的人的名字。和他们比较时，你有什么感觉？在下方刻度表上标出你的自我价值感指数。

1.＿＿＿＿＿＿＿＿＿＿＿   1.＿＿＿＿＿＿＿＿＿＿＿

2.＿＿＿＿＿＿＿＿＿＿＿   2.＿＿＿＿＿＿＿＿＿＿＿

3.＿＿＿＿＿＿＿＿＿＿＿   3.＿＿＿＿＿＿＿＿＿＿＿

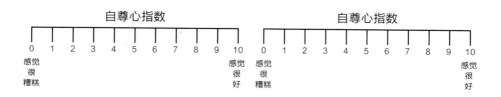

如果两表中自我价值感的指数不同，说明了什么？为什么攀比不会提升你的自我价值感？

_____

_____

_____

_____

_____

实战演练 2

判断正误

_____ 当比较的对象发生变化时，我的自身价值发生了改变。

_____ 和别人相比，我更有价值，我的自尊心也随之增长。

_____ 和别人相比，我好没用，我的自我价值感也随之降低。

_____ 比较的对象发生变化时，我对自身的看法发生了改变。

_____ 比较的对象发生变化时，我对自己的感受发生了变化。

_____ 即使和别人相比，我的自我价值也不会发生改变。

_____ 不论我的想法是否符合实际，但我作为人类的自我价值不会发生改变。

坚持一天不要和别人攀比。当然，有时候攀比的想法不自觉就冒了出来。我们一旦意识到，就要调整自己的反应。可以有意识地屏蔽或者改变它们，也可以置之不理。

停止比较的感觉如何？写一写吧。

_____

_____

_____

如果你再也不和别人攀比了，会产生怎样的自我感受呢？

_____

_____

_____

今日确认

珍惜生命，远离攀比。

说别人再多的坏话，
也无法让自己变好

导　语

　　　　人们评论他人通常是因为自我感觉良好。贬低他人的人都有着一种优越感。但是，由于这种自我感觉良好与优越感来自攀比心理，所以并不稳定，仅仅是一种表面现象，骨子里却是自我价值感偏低的表现。因为随着攀比对象的变化，这些人很快就会变得自卑和沮丧。

　　　　其实，自我价值是客观事实，并不依赖于他人的评价。自我认知度较高的人，不需要去评价他人，也不会被他人的评价所困扰。

玛姬和她的两个好朋友站在大学图书馆门前。这时，科蕊从她们身边走过。两个女生翻了翻白眼。

"真想不到，穿成这样还敢来图书馆？"一个说道。

"脑子有病的人，你还能指望她怎么样？"另外一个回应道。

经济学课上，玛姬听到一群人在讨论某个少数民族。他们其实一点也不了解那个民族，但是他们不仅取笑那群人，还说了好多坏话。

晚上的聚会上，玛姬和好朋友扎克起了争执。她不愿意对扎克的女朋友撒谎，但扎克却因此指责她，说她自私。她非常沮丧地回到宿舍，上网与母亲聊天。母亲察觉到了她的不对劲，就问她怎么回事。

"人们总说别人的坏话，为什么要这样呢？我真的很烦。"她把今天遇到的这三件事都告诉了母亲。

"你的好朋友评论别人，其实是为了让自己好受。"母亲告诉她，"如果一个人对别人的相貌或者穿着评头论足，表面上看是有优越感的表现，实际上可能是自己不自信，想要掩盖自己的缺陷。有时，如果自己很生气，就有可能拿别人出气；如果觉得自己没有价值，就有可能通过贬低他人来获得心理平衡。

"经济学课上的那些孩子，虽然他们在讨论别人时自我感觉良好，但那也是没有自尊的表现。有自尊的人不仅会尊重自己，也会尊重别人，只有没有自尊的人，才会去说别人的坏话，甚至用语言打击别人。至于扎克，他对你的指责很可能是出于沮丧和羞愧，因为他让你撒谎，你拒绝了，他那时的感受多半是又羞又气，所以才指责你自私。你要明白，其实，他是用批评你来掩饰自己内心的不安。不要把这些话往心里去。真正该受批评的人不是你，反而是他们。"

实战演练 1

评论他人并不会让自己变得更好，贬低他人也并不意味着我们就比别人高明，更不能说明我们就比别人更有价值。评判他人只会让我们陷入短暂的假象，觉得自己更优秀。留意一下你听到的评论，把它们记下来，并在每类下方至少写上两个。

家庭

———————————————————————————

朋友

———————————————————————————

熟人

———————————————————————————

陌生人

———————————————————————————

自己

———————————————————————————

这些评论中的指责都是真的吗？

———————————————————————————

想想以下评论都是出于什么心理？

"她可傲慢了，就因为成绩好。估计她是个无聊的人、书呆子。"

———————————————————————————

"那里住的人可真糟糕。幸好我不住那里。"

———————————————————————————

"他确实很帅。女孩们都希望自己的身边有个帅哥，所以他不过是被利用了。"

———————————————————————————

"你一直都是个老好人？真烦。"

实战演练 2

试一下，过一天不评论别人的日子。当评论的想法冒出来时，用赞同的想法取代它。将这样的时刻选两个记录下来。

1._____

2._____

完全不评论任何人的感觉如何？

_____

有没有听到过别人对自己的评价？具体描述一下。

_____

你告诉了自己什么？你的想法引起了哪些感情？如何影响到你的自尊？

_____

"

今日确认

别人的评头论足，并不能改变我的价值。

你不做自己，
太可惜了

导　语

　　当你不得不改变自己的想法、感情、外貌时，你就不再是真实的自己了。真实的自我不会受到外界意见或者期望的影响，而我们中的很多人，在与别人攀比、羡慕他人的时候，丢失了自我。随着自我认知的深入，当我们更好地了解自我之后，我们也就越发地信任自我，并勇于展现自我。

　　杰米的闺密们最近迷上了马。她们每周要上两次马术课，闲下来还会去马厩做志愿者。实际上，杰米对马一点兴趣都没有，但是大家都喜欢，她不得不装成自己也很喜欢马的样子。过生日的时候，她买了双马靴做生日礼物，有空的时候就去上马术课，或者去马厩待着。

　　一天，杰米在喂马的时候，遇到了马厩的主人薇薇。

　　"你的心思似乎不在这里。想什么呢？"薇薇问道。

　　"跑步。我一直都很喜欢跑步。今天越野队就要报名了，我真的很想参加。"杰米回答道。

　　"那你还在这里干吗啊？"薇薇很奇怪。

"唉，我的朋友们都喜欢马。她们都在这儿呢，我也想和她们待在一起。再说，这项爱好看上去很酷……"

"这样看来，待在这里并非你所愿。因为别人，你放弃了自我。在这里你感觉如何？跑步的时候又有什么感觉呢？"

"跑起来的感觉太棒了，自由自在，无拘无束。说起来你可能不信，但是我觉得自己就是为跑步而生的。而在这里，我觉得自己不属于这里，只是一个游客。"杰米回答道。

"就是这样。你不属于这里，只是在朋友的生活里转悠。去找回自己的生活吧。从加入越野队做起，听从自己内心的声音，奔跑起来吧。"薇薇建议道。

实战演练 1

小孩子经常能保持真实的自我，他们还没有受到外界舆论的影响。想一想，在你小的时候，喜欢做什么、玩什么，和谁在一起。

_____

_____

_____

写下现在你参加的一些活动，给它们打分。从 1 到 10，分别反映了你内心是否想参加的意愿。1 代表非常不想，10 代表非常想。如果自己不想参加，在分数旁边写出你参加该活动的原因。

活动	自我评分	参与原因

以下决定中，如果是自己做出的，选择"自我决定"，如果是受他人影响，选择"外界影响"。在受外界影响做出的决定旁边，写上影响你的因素。比如："父母让我做的"、我想更合群"、"不想违反规定"、"没有我真正想要的"、"那很酷"，等等。

自我决定　　外界影响　　上学时穿什么 _____

自我决定　　外界影响　　不上学时穿什么 _____

自我决定　　外界影响　　午餐吃什么 _____

自我决定　　外界影响　　周末做什么 _____

自我决定　　外界影响　　与谁为伴 _____

自我决定　　外界影响　　暑期做什么 _____

自我决定　　外界影响　　读什么书 _____

自我决定　　外界影响　　听什么音乐 _____

自我决定　外界影响　　消费方式　＿＿＿＿＿＿＿＿＿＿

　　如果以上决定来自真实自我，会有什么不同吗？

＿＿＿＿＿＿＿＿＿＿＿＿＿＿＿＿＿＿＿＿＿＿＿＿＿＿＿

＿＿＿＿＿＿＿＿＿＿＿＿＿＿＿＿＿＿＿＿＿＿＿＿＿＿＿

＿＿＿＿＿＿＿＿＿＿＿＿＿＿＿＿＿＿＿＿＿＿＿＿＿＿＿

实战演练 2

　　以下词语中，哪些描述和你吻合？用蓝笔打钩。哪些又属于你真实的自我呢？用红笔圈出。（同一个词语可以同时打钩或画圈。）在横线上补充更多词语。

毫无价值	爱挑剔	独断	爱黏人
冷静	滥交朋友	诚实	有思想
悲伤	和善	勤奋	易怒
好奇	迷糊	运动达人	自私
有偏见	孤独	快乐	焦虑
笨拙	自负	粗鲁	忙碌
有爱心	无聊	友好	害怕
有创造力	聪明	自信	吵闹

有同情心	安静	残忍	彬彬有礼
懒惰	话痨	用功	智慧
勇敢	孤立	矛盾体	空虚
平静	沮丧	好斗	灵活
忠诚	慷慨	无拘束	接受度宽广
尽责	活跃	无力	可靠
虚伪	愉悦	气馁	＿＿＿＿＿＿
敏感	外向	被动	＿＿＿＿＿＿
不知所措	健康	死板	＿＿＿＿＿＿

打钩和画圈的词语有什么相同或者不同之处吗？

＿＿＿＿＿＿＿＿＿＿＿＿＿＿＿＿＿＿＿＿＿＿＿＿＿＿＿＿＿＿＿

＿＿＿＿＿＿＿＿＿＿＿＿＿＿＿＿＿＿＿＿＿＿＿＿＿＿＿＿＿＿＿

完成该练习后，你对真实自我有了什么样的了解？

＿＿＿＿＿＿＿＿＿＿＿＿＿＿＿＿＿＿＿＿＿＿＿＿＿＿＿＿＿＿＿

＿＿＿＿＿＿＿＿＿＿＿＿＿＿＿＿＿＿＿＿＿＿＿＿＿＿＿＿＿＿＿

"

今日确认

做自己，最快乐。

家庭影响你，
但不能决定你

导 语

　　作为家庭中的一员，你的思维、情感以及行为都会受到其他家庭成员的影响。在家庭中，你扮演了某种角色。也许你不想辜负家人的期望，试图取悦他们；也许你很叛逆。这些行为有些出自你的本心，有些则不是。

　　曼迪的父母总是吵架。他们吵起来可凶了，大声咒骂着对方，最终以一方或者双方摔门而出收场。曼迪很害怕父母吵架，她花了很多精力，希望能让父母和睦相处，但都没有成功。

　　杰姬的哥哥不仅成绩优异，还是一个金牌摔跤手。和自带主角光环的哥哥相比，杰姬觉得自己好失败。渐渐地，她开始在学校里惹是生非。其实，调皮捣蛋并非她本愿，但是与其生活在哥哥的阴影下，还不如去惹些麻烦，这样既来得痛快，也能引起别人的注意，找到存在感。

　　尼克的母亲一直很拮据。由于无法按时交上房租，他们经常被房东扫地出门。家庭的重担过早地落在了尼克的身上。春假和暑假他要靠打工来支付家里的开销，还要照看年幼的弟弟。尼克知道母亲和弟弟们都指望着自己呢，他也没有让他们失望。

卡洛斯一直梦想着成为一名老师。他喜欢给小孩子们讲课，教他们骑自行车、做数学题、找流星。卡洛斯的父母是一对律师，他们则希望卡洛斯能当律师或者法官。为了让父母高兴，卡洛斯最终选择了法学院。不过他更感兴趣的还是自己课余时间做家教。

家庭情况和家人的期望极大地影响了我们，决定了我们在和家庭成员相处时所扮演的角色：成功者、叛逆者、照料者、跳梁小丑、替罪羊等。即使在我们更加独立后，家庭的余威还在，影响到了我们现在的行为、性格以及自我价值感，让我们做出各种各样的决定，有的出自本心，有的则与之相悖。

实战演练 1

横线 1 处填写：他（她）可能会受到家庭怎样的影响？

横线 2 处填写：他（她）的家庭会创造出怎样的角色？你可以从下表中选出，也可以自己写一个。

横线 3 处填写：他（她）所扮演的角色是否发自内心？提出你的理由。

曼迪

1.＿＿＿＿＿＿＿＿＿＿＿＿＿＿＿＿＿＿＿＿＿＿＿＿＿＿＿＿

2.＿＿＿＿＿＿＿＿＿＿＿＿＿＿＿＿＿＿＿＿＿＿＿＿＿＿＿＿

3.＿＿＿＿＿＿＿＿＿＿＿＿＿＿＿＿＿＿＿＿＿＿＿

杰姬

1.＿＿＿＿＿＿＿＿＿＿＿＿＿＿＿＿＿＿＿＿＿＿＿

2.＿＿＿＿＿＿＿＿＿＿＿＿＿＿＿＿＿＿＿＿＿＿＿

3.＿＿＿＿＿＿＿＿＿＿＿＿＿＿＿＿＿＿＿＿＿＿＿

尼克

1.＿＿＿＿＿＿＿＿＿＿＿＿＿＿＿＿＿＿＿＿＿＿＿

2.＿＿＿＿＿＿＿＿＿＿＿＿＿＿＿＿＿＿＿＿＿＿＿

3.＿＿＿＿＿＿＿＿＿＿＿＿＿＿＿＿＿＿＿＿＿＿＿

卡洛斯

1.＿＿＿＿＿＿＿＿＿＿＿＿＿＿＿＿＿＿＿＿＿＿＿

2.＿＿＿＿＿＿＿＿＿＿＿＿＿＿＿＿＿＿＿＿＿＿＿

3.＿＿＿＿＿＿＿＿＿＿＿＿＿＿＿＿＿＿＿＿＿＿＿

小丑	对自己严格的人	欺凌弱小者
成功者	遵纪守法者	和事佬
替罪羊	英雄	高成就者
责备他人者	智者	教唆者
婴儿	叛逆者	中立者
老板	老好人	铁汉
总司令	失败者	自由者
批判者	道德主义者	指导者
评判他人者	对抗者	照料他人的人

实战演练 2

　　画出所有的家庭成员，别忘了你自己。同时写上他们的名字以及在家庭中所扮演的角色。可以从上表中选，也可以自己写。

　　对于自己在家庭中的角色，你有什么感想呢?

_____

_____

家里期望你：

如何思考?

_____

如何说话?

_____

如何感觉?

_____

如何行动?

_____

在每个答案后面打分。从 1 到 10 分别反映了该期望和你本心相符的程度。1 代表最低，10 代表最高。想一想，如果没有了家人对你的期望，在以上四个方面，你会有什么不同的行为吗?

_____

_____

家庭关系是如何影响到你的自我价值感的?

_____

_____

"

今日确认

除了生活的家，你还需要一个内心的家。

朋友圈很好，
但不要圈住自己

导 语

　　朋友也会影响到你的思维、情感以及行为。在朋友圈中，你也扮演了某种角色。也许你不想辜负朋友的期望；也许你试图通过取悦他们与他们打成一片；也许你特立独行以彰显自己的不同。这些行为有部分出自你的本心，有些则不是。

　　艾米和汉娜是玛丽亚最好的朋友，三人从小就认识，她们一起逛街、看电影、在家里过夜，度过了无数美好的时光。后来，玛丽亚开始打男女混合排球，认识了诺亚和艾米丽。玛丽亚的排球打得很好，她的新朋友们也一直为她加油鼓劲。和新朋友在一起，玛丽亚不仅更专注于训练，也变得越发自信。

　　和这两拨截然不同的朋友相处时，玛丽亚会有些晕圈。和汉娜与艾米在一起时，她会更注重打扮，和她们一起八卦男生。和诺亚以及艾米丽在一起时，她又会穿上运动服，打扮成运动员的模样，吃得也更健康。

　　两类朋友，玛丽亚都很喜欢。但是渐渐地，她感觉自己快要分裂了。

　　"哪个才是真正的你啊？"姐姐问道。

　　"两者都是吧。我喜欢和汉娜、艾米一起聊天，参加派对；我也喜欢和诺亚、艾米丽一起运动。"

"两种环境，你都喜欢，那你为此做出的改变就是发自内心的；但是如果你改变自己只是为了迎合你的朋友们，那你就是逢场作戏。想一想，你真正想要的到底是什么？做出正确的选择，真正的朋友无论怎样都不会抛弃你。"姐姐如是说。

实战演练 1

第一栏：写出自己所属的朋友圈。根据朋友圈的特点起个名字，比如大学圈、中学圈、邻居圈等。

第二栏：写下你在其中扮演的角色。你可以从下表中选择，也可以自己写。

第三栏：从 1 到 5 打分。在这个朋友圈中，你是否很舒服？1 代表最不舒服，5 代表非常舒服。

第四栏：在该朋友圈中，你的自我价值感处在何种水平？低、一般，还是高？在上面打钩。

朋友圈	我的角色	舒适程度	自尊心水平
			高，一般，低
			高，一般，低

			高，一般，低
			高，一般，低
			高，一般，低

派对达人	浪漫者	倾听者	团队头脑
有勇无谋	开心果	军师	追随者
理性之声	批评家	恶霸	受害者
和事佬	中间人	可有可无	话痨
领导者	策划者	叛逆者	教唆者

实战演练 2

朋友如何影响到了你的思想？举例说明。

_____

朋友如何影响到了你的感受？举例说明。

_____

朋友如何影响到了你的行为？举例说明。

_____

如果不受朋友的影响，你会做哪些现在不会做的事？

_____

当你处在某个朋友圈中，受到的影响有多大？离自己的本心又有多远呢？

下面的尺度表中，标出你每一个朋友圈所在的位置。

真实
自我

完全违背
了自己的
意愿

> **今日确认**
>
> 内心的需求是立体的，朋友也需要多层次。

宁做真实的自己，
不做舆论的棋子

导　语

　　社会舆论会影响到你的思维、情感以及行为。你的表现有时很合群，有时又与社会格格不入。这些行为有些出自你的本心，有些则不是。

　　贾斯敏很讨厌自己的黑卷发。她想方设法把它弄直，让自己看起来像杂志里的模特一样。她多么希望自己能和表亲一起住在波多黎各，在那里卷发是美女的标志。

　　马库斯是唯一报名"未来护士俱乐部"的男生。他的男性朋友们会取笑他，叫他护士马基。其他人也会问："你想当的是医生，不是护士吧？"他也想过退出，但又舍不得。他喜欢照料病人，又不想面对医科院校的压力，所以护士是他理想的职业。他有时会很愤怒，男生想当护士怎么了？为什么大家觉得不正常呢？

　　艾比在一个宗教社区长大，那里规定严格，对个人行为有诸多约束。对于这些规定，艾比并不是完全赞同。她不喜欢别人把她看成是这个社区的一分子，但是她又不敢说出自己的观点，破坏那些规则，让周围的人觉得她是个异类。

自我认知的形成需要我们去探索和发现自己真实的想法、信仰和价值。只要它们没问题，我们就应该勇敢而自信地去坚守，不用在意它们是否符合社会的价值取向。这才是真正的自我认知。

实战演练 1

针对以上案例，回答下列问题。

贾斯敏

贾斯敏受到了哪种社会价值观的影响?

_____

她有何感受?

_____

她为此做了什么?

_____

她的自我价值感受到了怎样的影响?

_____

如果你是她，你会怎么做?

_____

马库斯

马库斯受到了哪种社会价值观的影响？

_____

他有何感受？

_____

他为此做了什么？

_____

他的自我价值感受到了怎样的影响？

_____

如果你是他，你会怎么做？

_____

艾比

艾比受到了哪种社会价值观的影响？

_____

她有何感受？

_____

她为此做了什么？

_____

她的自我价值感受到了怎样的影响？

_____

如果你是她，你会怎么做？

_____

实战演练 2

你觉得社会压力来自哪里？圈出你认为的来源，可以在横线中写出自己的看法。

收音机	电视	网络	_____
宣传牌	杂志	报纸	_____
现场广播	政客	宗教领袖	_____
老师	小团体	学校教职员工	_____

在接下来的几天，留心观察并记录，你受到社会价值观影响的时候内心的波动。比如：电视节目中赞扬了某个少数群体，而你恰巧也是其中的一员，你也许会觉得自我价值感增加了。又比如，你的脸上长了些雀斑，而你又看到了一则广告，宣称要祛除恶心的雀斑，你是不是会感到自我价值感受挫？

日期/时间	事件	来源	自尊心评分（1-10）

　　如果你没有受到来自社会的影响，你的想法、感情或者行动会有什么不同吗？

　　哪些是好的变化？

_____

_____

_____

　　哪些是不好的变化？

_____

_____

_____

❝

今日确认

　　融入社会，并不是让自我消失在社会。

你的迷茫
很正常

导 语

绝大多数年轻人，都不可能一下子找到人生重要问题的答案，所以，对于他们来说，迷茫是太正常的事情了。这时候的他们不知道自己的本心，也不知道该如何生活，甚至不知道明年要做什么。

大学快毕业的克里斯蒂想着今天早上的招聘会，从快餐业到医药行业，从 IT 业到证券投资，那么多企业的人员招聘，人来人往，头都大了。她真的不知道自己将来想做什么。克里斯蒂感到很迷茫，她不知道该如何选择，如何做出决定。

她对职业咨询师威廉姆说："不止是选择职业，现在，吃午饭的时候，我甚至不知道要和谁坐一起。有时我想和舞蹈队的同学坐一起打打闹闹，有时我又想和阿里尔安安静静地坐一起。你说我这是怎么了，在选择职业时，我一会儿想当厨师，一会儿又想当会计，我是不是有心理问题？"克里斯蒂向职业咨询师大吐苦水。

威廉姆先生告诉她，这很正常。他安慰道："在这个年龄，你会有很多想法。你也会不断地去寻找自己的兴趣点，结交不同的朋友，弄清楚自己想成为什么样的人。"

"但是其他人好像都知道自己想要的是什么。莱西想成为一名牙医，贝丝想要当家庭主妇，生6个孩子。可我却不知道自己究竟想做什么。"

"的确，有很多人都已经有了目标。有些人会向着自己的目标前进，有些人则会中途转变方向。我们学到的越多，成长的越多，变化的也越多。你们这个年龄的人正处在高速成长的阶段。高速成长，意味着高速变化。不仅是想法变化得快，让人应接不暇，而且兴趣爱好也变化得快。身处在这种变化中的你们犹如坐上了旋转木马，自然会感到眩晕、困惑、迷茫，还有害怕……但不管怎样，记住，现在的迷茫很正常。"

实战演练 1

想想自己5岁的时候，对自己有什么样的认识，或者对未来有什么憧憬，写在下面的横线上。接着写上隔了几年后的情况，继续往下，写到现在的年龄。

5岁

_____

_____岁

_____

_____岁

_____

随着时间的推移，你对自己的认识有什么改变吗？

_____

你的梦想又发生了什么样的改变呢？

_____

实战演练 2

在下列横线上写出你对自己的看法，以及你对未来的打算。例如，我很外向，我想去美容院校学习，我要从政等。在每个陈述旁边打分。从 1 到 5，分别表示不是很确定到非常确定。

_____

将下面一段话补充完整，允许自己对于自身和未来感到迷茫。

我 _____ 允许自己 _____

_____ _____

日 期　　　　　　　　　　　　　　　　签 名

今日确认

未来本来就不确定，我的迷茫很正常。

到你喜欢和讨厌的事中，
去寻找真实的自己

导 语

通过发现自己喜欢和讨厌的事情，你能够了解到真实的自我。
世界上没有任何一个人和你的喜恶一模一样。

"下面我们要通过探索自己喜欢和讨厌的事来进一步了解自己。"心理课教授亨宁说道，"每天我们都要做出很多决定，而这些决定很大程度上受到了自己喜欢和讨厌的事情的影响。我们所做的每个决定又会决定我们的行为，从而潜移默化地影响到我们的生活。每天你们都会做什么决定呢？"

"穿哪件 T 恤？红的还是棕的？"凯尔说。

"吃哪个？百吉饼还是麦片？"薇洛说。

"看电影还是逛商场？"奥利维亚说。

"跑步还是打垒球？"欧文说。

"我们的喜好部分来自于生活中的体验。如果做过一件事，我们很喜欢，那我们还会接着再做。还有一部分与生俱来，比如喜欢绿色超过黄色，喜欢辣椒酱超过酱油。总之，喜好是受到了大脑和身体运作方式的共同影响。"亨宁教授继续说道。

"为什么要说到辣酱和酱油呢？"凯尔问道。

"问得好。"亨宁教授微微一笑，"喜欢辣酱还是酱油，这是人的嗜好，如果我们能更清楚地认识到自己的嗜好，就能更好地了解自我。"

实战演练 1

从每组中选出你更喜欢的一项。

走路	骑车	在家做饭	出去吃
写字	说话	专注	神游
读书	看电视	居家	外出
飞机	火车	硬	软
坐浴	淋浴	快	慢
正式	随便	肉	蔬菜
喜剧	悲剧	可乐、雪碧	白水
群居	独处	凉鞋	跑鞋
卷发	直发	黑暗	明亮
节约	浪费	冷	热
数字	字母	白天	黑夜
沙漠	高山	给予	接受
摇滚乐	饶舌	上学	工作
天空	地面	牛仔裤	卫衣

糖	盐	城市	乡村
春天	秋天	陆地	海洋
戏剧	新闻	说话	倾听
结构	流程	玩	看

填写下列表格，记录下你最喜欢和讨厌的东西。

	喜欢	讨厌		喜欢	讨厌
电影			饮料		
食物			游戏		
歌曲			作家		
颜色			电视节目		
课程			爱好		
演员			城市		
运动			容易上瘾的事物		
动物			书籍		
音乐			月份		

实战演练 2

如果你能变成另外一种生物，你想变成什么呢？为什么？想想细节，你是想在天空中飞翔，还是想在水里游弋，抑或是在陆地上奔跑或者爬行？你想生活在野外、动物园还是院子里？

_____

如果你能成为一种食物，你想变成什么呢？为什么？你是想辣一点、甜一点还是苦一点？你是想被生吃还是想被煮熟吃呢？你是想做主菜还是小菜呢？

_____

把动物和食物的描述放在一起对比，它们有什么相似之处吗？如果没有，不同在什么地方呢？

_____

你的某些选择是否反映了你真实的自我？举例说明。

_____

> ## 今日确认
>
> 减掉你讨厌的，加上你喜欢的，得出的就是你真实的自己。

遥望明天的梦想，
能看到今天的自己

导 语

探索自己的梦想，可以帮助我们了解真实的自我。不论是白日梦还是胡思乱想，都会透露出我们真实的想法。

亨宁教授："今天我们要来探索自己的梦想。我们在憧憬未来的时候，脑海中浮现的一定是自己想做的事、喜欢的人。比如说金榜题名、参加演唱会、和某人约会或者度假。"

"我想去海边旅游，在沙滩漫步，看着椰子树。"薇洛说道。

"我想当一名兽医或者工程师。"奥利维亚说。

"我想一个人住，不想要兄弟姐妹。"安德鲁说。

"你们的梦想可能很明确，也可能很模糊，甚至是自相矛盾的。自己以及父母的生活方式都会影响到你们的梦想。也许你们想比父母过得更好，也许你们想继承家庭的传统，又或者你们想开创自己的新天地。"亨宁教授继续说道。

艾希莉说："我的妹妹患有唐氏综合征（遗传病，一种会导致包括学习障碍、智能障碍和残疾等的高度畸形病），我希望能够帮助像她一样身患残疾的人。"

凯尔说："我想成为一名职业足球运动员，而不是像我父亲那样天天坐在办公室里。"

"我们在探索未来的梦想的时候，也能够更好地了解今天的自己。"亨宁教授总结道。

实战演练 1

通过回答以下问题，了解自己的梦想。

如果我有三个愿望可以实现，它们分别是：

1._____

2._____

3._____

如果我买彩票中奖了，首先要买的三件东西是：

1._____

2._____

3._____

如果我可以去世界上的任何地方旅行，我最想去的地方是：

1._____

2._____

3._____

如果我能拥有任何想要的天分或技能，我最想要的是：

1.＿＿＿＿＿＿＿＿＿＿＿＿＿＿＿＿＿＿＿＿＿＿＿＿＿＿＿＿

2.＿＿＿＿＿＿＿＿＿＿＿＿＿＿＿＿＿＿＿＿＿＿＿＿＿＿＿＿

3.＿＿＿＿＿＿＿＿＿＿＿＿＿＿＿＿＿＿＿＿＿＿＿＿＿＿＿＿

在以下选项中，圈出你想改变的方面。

性别	宗教	种族
民族	出生地	家庭成员
体能	社交才能	智力

实战演练 2

　　找一个安静无人打扰的地方。全身放松，闭上眼睛，将注意力集中在自己的呼吸上，厘清思绪。不用改变呼吸频率，呼气、吸气，感受气息在体内的流动。

　　在感受气息中放松，找回内心的平和。接着让思绪飘向未来。和5年后的自己来个约会。5年后的这一天，你的任何梦想都会成真。早上睁开双眼，环顾四周，看到了什么？听到了什么？内心感受如何？第一件要做的事是什么？然后呢？这一天你将如何度过？和谁待在一起？会去什么地方？尽可能长时间、详细地把一切想清楚后，回答以下问题。

在你梦想中的一天醒来，你会发现自己在哪里呢？

列举出你做的事情。

你和谁在一起？

这一天你都经历了什么样的感受？

完美的一天和你的愿望以及自我价值感有何联系？

完美的一天和你在实战演练 1 中写下的答案有什么相似之处？

今日确认

梦想是未来的一面镜子，可以照见现在的自己。

有了高处的信仰，
你就不会在低处爬行

导 语

通过探索自己的信仰，我们可以追寻真实自我的蛛丝马迹。信仰会影响到你的思维、情感以及行动。有些信仰反映了你的真实自我，有些则没有。

奥利维亚来上心理课。走进教室，她看到黑板上写着这样几行字：

世界是如何形成的？

法定饮酒年龄应该多大？

学校在着装方面的要求是否合理？

政府权力应有多大？

人死亡之后还有灵魂吗？

"黑板上列出的问题，相信大家都有自己的看法。我们认同什么，相信什么，都属于我们的信仰，会受到家庭、朋友、种族、宗教以及成长过程中学到知识的影响。信仰存在于我们生活的方方面面，有人很坚定，有人很薄弱，有人很理智，有人很荒谬。有人能够保持终身，有人则接受改变。在你小时候，都听到过什么样的信仰呢？有没有同学想和大家分享一下？"亨宁教授提问。

布赖恩说："我们家一直坚信教育的力量。父母从小就告诉我和哥哥们'你们一定要好好学习，将来考一所好大学'。"

薇洛说："父母对我的忠告是，做人一定要诚实。"

凯尔说："父亲总对我说，政府不能凌驾于我们之上，为所欲为。"

奥利维亚说："父母和亲戚经常对我说要乐于给予，不求回报。"

"大家说得都很好。有时，我们觉得某些说法很有道理，因而我们相信它们。有时，我们会盲目相信某些东西，从未深究它们是否适合自己。"

"你有权利选择自己的信仰，你的信仰又会帮你做出自己的决定。探索自己的信仰也是一场有关自我的发现之旅。"亨宁教授总结道，"信仰是一个远方，如果你虔诚地凝视远方，就不会在意眼前脚下的泥泞。不管你信仰什么，也不管你的信仰是否虚无缥缈，只要你有了信仰，心就不会待在原地，更不会匍匐在泥土中，而是会翘首以盼，并热情地为之奔跑。"

"你朝着这个方向忘情地奔跑，没有任何怀疑，没有任何停留，渐渐地，你会发现自己已经从泥泞中爬了出来，再也没有眼前的苟且，再也不会计较那些鸡毛蒜皮的小事。于是你的心敞开了，你的灵魂飞了起来，你整个的生活和人生一跃而上了一个更高的台阶。"

"这就是信仰的力量！"

实战演练 1

从小到大，你经常会从父母、朋友或者社会上听到过什么样的

说法呢？选一些写在下方的横线上。如果你认同某种说法，请在向上
箭头上画圈，如果不认同，圈上向下箭头。

↑　↓　1.＿＿＿＿＿＿＿＿＿＿＿＿＿＿＿＿＿＿＿＿

↑　↓　2.＿＿＿＿＿＿＿＿＿＿＿＿＿＿＿＿＿＿＿＿

↑　↓　3.＿＿＿＿＿＿＿＿＿＿＿＿＿＿＿＿＿＿＿＿

↑　↓　4.＿＿＿＿＿＿＿＿＿＿＿＿＿＿＿＿＿＿＿＿

↑　↓　5.＿＿＿＿＿＿＿＿＿＿＿＿＿＿＿＿＿＿＿＿

把你不认同的那些说法，改成自己认同的说法。

1.＿＿＿＿＿＿＿＿＿＿＿＿＿＿＿＿＿＿＿＿＿＿＿＿＿

2.＿＿＿＿＿＿＿＿＿＿＿＿＿＿＿＿＿＿＿＿＿＿＿＿＿

3.＿＿＿＿＿＿＿＿＿＿＿＿＿＿＿＿＿＿＿＿＿＿＿＿＿

4.＿＿＿＿＿＿＿＿＿＿＿＿＿＿＿＿＿＿＿＿＿＿＿＿＿

5.＿＿＿＿＿＿＿＿＿＿＿＿＿＿＿＿＿＿＿＿＿＿＿＿＿

某些信仰并非出于自己的本心，那么，在生活中你受此类信仰影
响而做出的决定占了多大比例？

10%　20%　30%　40%　50%　60%　70%　80%　90%　100%

实战演练 2

从以下问题中选出 5 个作答。写下自己最真实的想法，不要受到
他人影响。你的信仰可以与家人或朋友的相同，也可以不同。在以下

话题中，你可能并不清楚自己的想法，那也没关系。

最重要的环境问题是什么？

你认同哪种政治倾向：左派、右派、中立？

你对战争有何看法？

离婚应该变得更加简单还是更加复杂？

国家的法定饮酒年龄是否应该更改？

国家的法定驾驶年龄是否应该更改？

穿校服上学是否能让学生之间更平等？

在什么情况下可以发生性行为？

你是否认同体罚儿童？

上帝存在吗？

人类死后去了哪里？

人类的生命是如何被创造的？

应当把堕胎合法化吗？

你支持禁枪吗？

死刑应当废除吗？

非法移民应当拥有何种权利？

你支持街售药物合法化吗？

你支持同性恋结婚合法化吗？

"

今日确认

信仰虽然有些虚幻，却能让我活得踏实。

了解自己的激情，
能够帮助你了解自己

导　语

寻找你的激情同样也有助于发现真实的自我。你会发现自己对某些人、某些事、某些活动以及某些职业怀有极大的激情。而这种激情来自于你的内心，是你真实想法的体现。

在一节心理课上，亨宁教授宣布："今天我们要讨论的是激情。"一些同学哧哧地笑了。"我以为只有在生理课上才会讨论这些问题呢。"有人大声地说了出来。

亨宁教授说："别想歪啦。我们要讨论的可不是两性之间的激情。当然，这也是激情的一种。激情还可以有很多，比如对某个理论或者某项爱好的激情。如果你被某些事情深深地打动了或者吸引了，这就是激情。它比兴趣爱好要强烈得多，一旦有了激情，我们的身体、情感以及思维都会受到影响。那现在谁能说说自己的激情之所在？它又是如何影响到你的？"

欧文说："动物权益！我从电影和报纸上得知了它们的悲惨命运。它们被锁在一个个狭小的笼子里，站都站不起来。它们实在是太可怜了。所以，现在我从不吃肉，热衷于保护动物权益。"

安德鲁说："不准笑我啊。我热衷于收集棒球。迄今为止，我已经收集了9支主流队伍的签名棒球。今年夏天，我要拿到第10支队伍的签名棒球。有一次，我发现弟弟在拿我的棒球玩耍，我都要疯了。它们是我的心肝宝贝，谁也不能碰。"

艾希莉说："跳舞。从幼儿园起，我就一直在学舞蹈。跳舞的感觉棒极了，我想我会一直坚持下去的。"

奥利维亚说："我的激情点应该是我的男友。我喜欢和他在一起的感觉。我们都喜欢滑雪和看恐怖电影，我们都喜欢吃全料的比萨饼。他诚实善良，总能逗我笑。他不仅是一个好男友，还是我最好的朋友。"

亨宁教授说："很好。从你们的发言中，我们能看出，我们可以对很多事物产生激情，比如物品、职业、人物或者活动。找到自己的激情所在，有助于我们去探索真实的自我。"

实战演练 1

以下事物，你对哪些有激情？圈出它们。

观点

政治	人权	宗教	艺术	教育
动物权益	离婚	自由	和平	健康

财物

珠宝首饰	衣物	书本	运动装备	汽车
钱	电脑	手机	艺术品	音乐

活动

学习	社交	运动	音乐会	美术展
旅行	志愿活动	吃东西	睡觉	户外活动
读书				

人/动物

父母	朋友	大家庭	人类	病人
无家可归的人	宠物	残疾人	兄弟姐妹	男（女）朋友

在以下画框中画出让你充满激情的事物。比如，你可以写下某人的名字，你也可以把自己最喜欢的东西画出来。

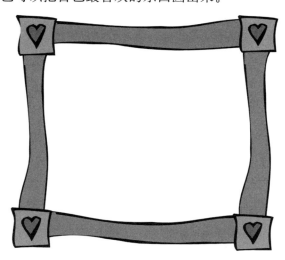

实战演练 2

　　安静地坐下来，调整坐姿，让自己处于最舒服的状态。闭上眼睛。呼气、吸气，重复几次，让自己彻底放松下来。想一想你最大的激情？是一个观点？还是某种东西、某项活动、某个人？在脑海中勾勒出你和它在一起的样子。这时你的身体有何反应？情感有何变化？你会不会感到浑身一激灵或者一股暖流涌向全身？你浑身上下是否充满了能量？继续想，不要停，享受激情带给你的感觉。然后，睁开眼睛，回到现实。写下你内心真实的感受，这种激情对你来说意味着什么？

_____

_____

_____

_____

_____

_____

> ## 今日确认
> 对什么充满激情，能够帮助你了解自己是什么样的人

别让不会说"不"
害了你

导　语

　　如果朋友试图向你灌输某种思想，或者影响你的行为，这就叫作同伴压力。自我认知度较高的人不会给别人带来压力，也不会向压力屈服。

　　自我认知度偏低的人还有一种表现，就是在面对同伴压力时，不敢坚持自己的观点，不敢说"不"，总是过分迎合同伴，讨好同伴。

　　拒绝同伴的确是一件不容易的事情，如果处理不好，常常会影响你与同伴的关系，失去朋友。但是，如果一味隐瞒心中的想法和诉求，时间一长，形成习惯，恐怕最后就真的不知道自己到底想要的是什么，很难定义心中的目标，并做出正确的决定。

　　在亨宁教授的自我认知课上，他向大家讲述一个故事。故事的主人公名叫萨曼莎，现在，她已经是一名杰出的心理医生了，但故事发生时，她还是一名中学生。

　　一个周末，萨曼莎的父母要外出，家里只剩下了萨曼莎一人。学校里一些同学听说了这事，都怂恿萨曼莎在家里开个周末派对。

　　萨曼莎一直是个乖孩子，她不想辜负家人的信任，但是大家都说没事，她又不好意思拒绝别人。她有些不知所措。随着谣言的传开，就连学校里的红人都跑过来和她搭讪，希望得到她的邀请。要知道，这些人之前根本都不会理睬她。到最后，连她不认识的人都来询问派对的事情。萨曼莎从未得到过这么多的关注，她不禁有些飘飘然。

　　这时，萨曼莎和她最好的朋友杰西卡和安娜讨论了这件事。杰西卡说道："不要被别人牵着鼻子走。做自己想做的事。"可这就是问题所在。一方面，萨曼莎很享受被大家关注的感觉；另一方面，她又不想辜负父母的信任。再说，大家都说父母绝对不会发现，也许没什么关系吧。萨曼莎还是很纠结。安娜安慰她道："你自己做决定吧。不管你怎样选择，我都站在你这边。"

　　最后，亨宁教授以萨曼莎的经历为例，让同学们开展了实战演练。

实战演练 1

萨曼莎该怎么做？为什么？

_____

如果萨曼莎开派对了，到了那天晚上谁会愿意做她的朋友呢？

_____

如果萨曼莎没开派对，到了那天晚上谁会愿意做她的朋友呢？

_____

如果萨曼莎开派对了，两个星期之后，谁还愿意做她的朋友？

_____

如果萨曼莎没开派对，两个星期之后，谁还愿意做她的朋友？

_____

在这个故事中，谁的自我认知度较高？为什么？

_____

实战演练 2

以下哪些事情是你迫于同伴的压力不得不做的？在这样的活动上画圈。又有哪些事情是同伴迫于你的压力不得不做的？在这样的活动上打钩（可以同时画圈又打钩）。

八卦	打扮成某种样子
抽烟	喜欢（讨厌）某人
喝酒	看某部电视剧或者电影
参加某个社团	选某个课
文身	梳某种发型
偷窃	听某首歌
减肥（增肥）	打耳钉
信奉某种宗教	参加某项运动
发生你不喜欢的性行为	发生你还没准备好的性行为

　　在画圈的事情中选一项，描述一下具体的内容。在当时的情况下，你的自我价值感如何，是高，还是低？

_____

_____

　　在打钩的事情中选一项，描述一下具体的内容。在当时的情况下，你的自我价值感如何，是高，还是低？

_____

_____

　　如果你连为自己说话的勇气都没有的话，同伴压力很容易就能影响到你。想一想你曾经迫于同伴压力而不得不做一些事情的情形。如果这种情况再次发生，想想你要如何回应。在以下回答中选出适合你的，你也可以写出自己想说的话。

"不，谢了。我不太适合。"　　　　"不了，谢谢。"

"不，谢了。我就算了。"　　　　"不，我不会做的。"

"不，我宁愿不做。"　　　　　　"不，谢了。这不是我的风格。"

"不，我不想做。"　　　　　　　"不，谢了。我不喜欢这样。"

> ## 今日确认
>
> 我可以鼓起勇气说"不"，我的事情我做主。

忙着在乎别人，
容易弄丢自己

导　语

对任何人来说，选择都不是一件容易的事情。

因选择而犹豫不决，不知所措，甚至纠结和痛苦，是再正常不过的事情了。

人们在面临抉择的时候，很容易陷入左右为难的地步，并由此带来纠结、困惑和痛苦。你会左思右想，预测自己的选择所带来的影响。你还会设想别人对此的看法和反应。你还会忧心忡忡，生怕最后会陷入尴尬或者沮丧的局面。

实际上，要想做出正确的决定，就不能把大量时间和精力用在就事论事上，而是应该将目光放得长远一些。

如何才能做到目光长远呢？

这需要你对自己有深刻的了解和认识。知人者智，自知者明。你对自我的认知程度有多深，就能看多远。每一个十字路口都是你获得自我认知的机会，你可以问一问自己：在茫茫宇宙中，我到底想成为什么样的人？对这个问题的思考会引发一系列更重要的问题，例如我是谁？我能为这个星球做些什么？我有什么样的价值观？我想和别人如何相处？

想一想这些问题，可以帮助我们做出符合自己本心的决定。

相反，如果在做决定时总是顾虑他人的想法，总想做出让他人满意的决定，那么，我们就会摇摆不定，动摇自己的自信。

忙着在乎别人，容易弄丢自己。

实战演练 1

哪些人的处事方式你很赞赏？他们有哪些品质是值得你学习的？写下他们的名字，并将你想从他们身上学到的品质写在旁边。他们可以是你的家人、朋友、公众人物或者历史人物。

回答下列问题：

我想要成为什么的代表？

我想为这个社会做出什么贡献？

在我死后，我想让别人记住的有什么？

_____

如果我有改变世界的能力，我想把世界变成什么样呢？

_____

实战演练 2

你想成为什么样的人呢？在以下场景中你会如何应对？

你和朋友们正在商场购物，这时一个女孩一瘸一拐地走了过来。你们中的一个人开始模仿这个女孩走路的样子，逗得其他人哈哈大笑。他们随后都开始模仿这个女孩，并让你也一起来。女孩回过头来，你看到了她眼中的痛苦和尴尬。

_____

_____

你的一个好朋友借走了你最喜欢的衬衫。拿回来的时候，你发现胸前有一块好大的污渍，怎么洗都洗不掉。这件衬衫算是毁了。

_____

_____

你一直觉得弟弟很烦。有一天，你看见一群大孩子在车站前欺负他，抓着他的书包不让他走。

_____

_____

你的表弟想让你帮他做作业，因为他自己不会做。他说这不算作弊，因为你们俩不在一所学校。

_____

_____

你最好的朋友和你吵了一架，之后他就不理你了。但是你的其他朋友都认为你是对的。

_____

_____

想想在现实生活中，你和谁起了冲突？又或者现在有哪些让你烦恼的事？如果你想成为理想中的自己，你该如何解决？

_____

_____

> ## 今日确认
> 自己对自己的认识越深入，越能做出正确的决定。

世上没有
委曲求全这回事

导 语

每个人都有自己独特的才能和天赋，所以每个人对世界的贡献也不同。去发掘自己的才能，走自己的路，不要委屈自己的天赋。

不管是制定长期目标，还是短期目标，都需要尊重自己的天赋。如果你一直在做委屈自己天赋的事情，既不会感到快乐和幸福，也不会获得太大的成功。

对于天赋来说，绝对没有委曲求全这回事。

自我认知课最重要的内容之一，就是倾听内心的声音，了解自己的天赋，从而制定正确的目标，选择正确的道路。

生活中的我们总会遇到很多选择，譬如打篮球还是打排球？将来当医生还是做生意？和谁做朋友？选择与谁结婚？在你人生的道路上，走很容易，但选择往哪里走却很难。不过，需要明白的是，人生的关键点并不在直线上，而在岔路口。每个人都会有自己的转折点，涉及到职业以及人生等大方向的选择。要明白，你是世界上独一无二的存在，你必须从自己的天赋出发去选择自己的道路，别人的路并不一定适用于你。

每个人都有着自己的目标。明确目标能让我们信心倍增，相信自己有能力为这个世界做出贡献。心怀梦想，为之奋斗，我们就会变得更加坚强。坚信自己的存在是有价值的，我们才能保持自己的初心，不会轻易为他人所动摇。

切记：如果为了实现目标，你做出一些违法或不道德的行为，并因此惹上麻烦，那么，你的目标就一定是一个错误的想法。真正健康的目标不会带来不好的后果。

实战演练 1

伟大的艺术家、发明家以及智者，他们都是追寻自己的目标，最终走向成功的。你认为，现实生活中，你的身边有哪些人实现了自己的目标呢？写下他们的名字，并给出你的理由。

_____

_____

如果你与这些人见面，你可以请他们谈谈自己的经历。他们是如何确立自己的目标的？他们如何一步一步实现了自己的目标？记录下对你有帮助的部分。

_____

_____

实战演练 2

现在你也许有了清晰的目标，也许没有。不过都没关系。随着你探索自我的不断深入，终有一天你会发现自己的目标。

给下列活动打分，从 1 到 10 分别代表了不感兴趣到很感兴趣。不要思考，凭自己的直觉打分。

_____	和海豚一起游泳	_____	规划城市
_____	照顾他人	_____	激情演讲
_____	给小孩子上课	_____	激励他人
_____	户外活动	_____	对着电脑工作
_____	脑力活	_____	体力活
_____	划船	_____	和孩子一起玩耍
_____	和数字打交道	_____	和技术打交道
_____	领导他人	_____	写书
_____	环球旅行	_____	做生意
_____	服务他人	_____	运动
_____	居家	_____	和动物打交道
_____	提高健康水平	_____	改善环境

哪些活动你打了高于 5 分？

_____

_____

哪些活动你打了 5 分及以下？

_____

你能从打分中总结出某种规律吗？

_____

你的天赋和才能有哪些？

_____

打分和你的才能之间有关联吗？

_____

当你在怀疑自身的时候，或者陷入消极的想法中时，问自己以下几个问题：

在这个世界上，我要帮助谁？我能做什么？今天我的目标是什么？

_____

_____

_____

_____

今日确认

什么都可以委屈，唯独天赋。

有什么样的想法，
就有什么样的感受

导 语

想法，是创造幸福生活的法宝。

它会影响到你对事物的感受，也包括你对自己的感受。

面对同一件事，想法不同，你的感受也不同。

暑假结束后，在匆匆忙忙的返校途中，莎拉不小心弄丢了心爱的苹果手机。无独有偶，同学布里特妮也弄丢了手机。失去了喜爱的东西，虽然令她们都感到郁闷，但由于想法的不同，两个人的感受也有了本质的差异。

莎拉心想："我太心不在焉了，总是丢三落四，真是一个无用的人！"这样的想法让她感受到了更加强烈的沮丧和自卑，她开始怀疑自己，贬低自己，讨厌自己，自我价值感一落千丈。

与之不同，虽然布里特妮也有些郁闷，但是她想："人无完人，谁都会犯错，任何人都有丢东西的时候。虽然我丢了手机，但这并不意味着自己就是一个一无是处的人，我有很多优点。我应该原谅自己。"这样的想法让她的感受变得轻松，并很快从郁闷中走了出来。

这个故事的意义在于：两个女生处在同样的条件下，面临着同样的处境，但她们的感受却完全不同。

这意味着：她们的感受并不是由外界环境所决定的，而是由她们自身不同的想法所决定的。我们的想法决定了我们的感受，进而决定了我们的行为。所以，我们完全可以通过改变自己的想法来改变自己的感受，进而改变自己的行为。

实战演练 1

阅读以下想法，写出该想法带来的感受。

然后勾选"消极体验"或者"积极体验"来描述他们对所处情形的体验。

莎拉学习很刻苦，但是她的数学考试只得了一个 C-。

思　想	感　受	消极体验	积极体验
我永远也考不上大学。			
这个老师不公平。			
上次考试我都没过，这次我至少进步了。			

查理的弟弟有学习障碍，相比于查理，他们的父母把心思更多地花在了弟弟身上。

思　想	感　受	消极体验	积极体验
他们更喜欢弟弟。			
我的弟弟真会讨人喜欢。			
我真高兴爸爸妈妈还有时间来观看我的垒球比赛。			

凯拉在走廊上向罗伯问好，但是罗伯没有回应她。

思　想	感　受	消极体验	积极体验
他真自大。			
他是不是认为我很傻。			
他可能没听见我的话，因为他正和卡尔聊天。			

实战演练 2

简要描述一个你正在纠结的处境。

_____

写出两条能让你产生积极感受的想法。

写出两条能让你产生消极感受的想法。

如果你很悲观，你会有怎样的自我感受？

如果你很乐观，你会有怎样的自我感受？

谁决定了你对自己的看法？

谁掌控了你的自我价值感？

今日确认

我的想法决定了我的感受，改变想法可以改变感受。

情感管理
四步法

导　语

　　情感没有对错之分，只是我们在处理这些情感时会采取不同的方式，最终带来不同的结果——伤害或者帮助自己。

　　留意自己的情感，你就可以学会正确地管理它们。

　　蕾克霞坐立不安。她胃痛难忍，无法集中精力听课。心理学教授艾斯柏瑞问她怎么了。蕾克霞没有回答，可是泪水却涌了出来。她自觉尴尬，扭过头看向了别处。

　　"你怎么了？"办公室里，艾斯柏瑞教授问道。

　　"没事。"蕾克霞说。

　　"如果不把坏情绪宣泄出来，你会越来越难受。"艾斯柏瑞教授说道。

　　"好吧，我不想那样。"蕾克霞说。

　　她告诉艾斯柏瑞教授，她的母亲住院了，自己很担心母亲的健康，同时还有一个年幼的妹妹需要人照顾，而且她又在异地上大学帮不上忙。正因如此，蕾克霞上心理课时才心不在焉。

　　"你最担心什么呢？"艾斯柏瑞教授问道。

"我怕妈妈的病好不了了，"蕾克霞说，"只要一这么想，我就忍不住要哭。"

"当我们害怕某些情感时，就会想把它们赶走。"艾斯柏瑞教授说，"但是它们不会走远，只会暂时藏起来。当它们再次露面，就会变得更加强大。让我们来看一个情感管理计划吧。"艾斯柏瑞教授给了蕾克霞如下资料，并和她一起看了起来。

情感管理四步法

1. **定义情感。**它是什么？悲伤、愤怒、愉悦、同情、失望、窘迫、厌恶、羞怯还是爱慕？

2. **接受情感。**时刻提醒自己，不管我们产生了什么样的情感，都没关系。对自己说（小声或者大喊都可以）："各种情感尽管来吧。"

3. **表达情感。**将你的情感表达出来是释放情感的唯一途径。需要注意的是，我们要采取正确的情感表达方式，不能伤害到自己或者他人。把你的情感写出来或说出来。做运动、放松、哭泣、唱歌和绘画都是情感宣泄的正确方式。

4. **关爱自己。**此刻我们需要什么来慰藉自己？是一个拥抱、一次小憩、一次沐浴、一次步行？还是一个朋友、一次聚会或者他人的关注和同情？此刻，我们可以给自己想要的任何东西。

"情感还需要管理？我之前从没想过这种事。"蕾克霞说。

"没关系，"艾斯柏瑞教授说，"这本身是一件可以学习的事情——就像你学习加法运算、单词拼写和系鞋带一样。情感管理是我们需要学习的最重要的技能之一。在生活中，我们是否能够成功？我们是否快乐？这些都受其影响。当我们有信心管理好自己的情感时，我们也就会变得更加自信。"

实战演练 1

为了帮助你更好地熟悉自己的情感，在接下来的一周内，填写下列表格。关注自己每天的情感，将观察到的记录下来。使用下面的词语来帮助自己辨别不同的情感，或者在空格里写出你自己的情感标签。记住，所有的情感都没关系，但是在表达它们时不要伤害自己或他人。

被抛弃	满意	钟情	紧张	震惊
内疚	兴奋	高兴	尴尬	困惑
惊讶	失望	勇敢	焦虑	孤独
恼怒	嫉妒	平静	担忧	生气
悲伤	害怕	背叛	挫败	不安
激动	惭愧	释怀	放松	沮丧

每天	我的情感	我从身上的什么地方观测到这种情感	我如何表达它
早晨			
下午			
晚上			

实战演练 2

当你有意识地去管理自己的情感时，你就是情感的主人。尝试下面方法中的任何一种或几种去管理你的情感。将你自己的方法添加在空白线上。给自己一些时间去完成这些事情。这可能需要花费几天、几星期乃至更长的时间。注意每种活动的有效性。

识别自己的情感后：

_____ 大声说出你的情感："我现在很_____。"

_____ 写下关于这种情感的一段话。

_____ 向你信任的人描述这种情感。

_____ 在纸上画出这种情感，你可以使用各种色彩、线条、纹理或者形状。

_____ 如果它触动了你，就大声哭出来。

_____ 给你喜欢的某个人写一封信，但不要寄给他（她）。

_____ 写出或者画出你的情感，然后将纸丢进碎纸机。

_____ 写出或者画出你的情感，然后将纸钉起来。

_____ 写出或者画出你的情感，然后将纸给其他人。

_____ 写出或者画出你的情感，然后将纸撕毁。

_____ 写出或者画出你的情感，然后窝成一团扔了。

_____ 在纸巾上写出或者画出你的情感，然后扔进厕所冲走。

_____ 做一些安全的体育运动——例如步行、游泳或者健身——释放情感的能量。

_____ 唱出你的情感。

_____ 通过演奏乐器释放你的情感。

_____ _____

_____ _____

_____ _____

　　在你尝试每种活动后，按照 1—10 分的标准给它们的作用打分（1 = 无效，10 = 非常有效）。在每个活动的描述前写下你的评分。

今日确认

情感没有对错，表达情感是释放情感的唯一途径。

回报，
出现在忍耐之后

导 语

如果把生活中一切让你感到不适的东西都看成是一件坏事，你就会试着去逃避它，最终可能会错过它带给你的益处。

相反，如果以积极的态度来看待它，你就会战胜它，把它当成一把开发自我意识和能量的利器，最终实现自己的目标。

摩根很尴尬，因为其他人都盛装打扮来参加托尼的派对，而她却穿着一条半截牛仔裤。她一度想要从后门悄悄溜走，但又有些不舍。要知道，她几个星期前就在期盼着这个派对。

摩根意识到自己之所以尴尬，是怕大家排挤她或者取笑她。她告诉自己，穿什么不重要——真正的朋友是不会介意的。有些人和她开了一些无伤大雅的玩笑，她自己也跟着一起笑。晚会结束的时候，她证明了自己是对的——真正的朋友并不介意她的穿着。她为自己成功忍受了不适而感到高兴。

马特在足球选拔赛上感到不舒服，因为其他人看上去都比他要优秀。他放弃了选拔，回到了宿舍，但是什么事情也做不了，因为他脑海里一直萦绕着对足球队的渴望。他还想到了其他人。如果别人问他，该有多尴尬啊。马特感到自己的自我价值感彻底崩溃了。

在和肖娜成为朋友后，薇琪产生了信任问题。她曾经被朋友的背叛伤害过，所以她告诫自己再也不要亲近任何人。但是肖娜太好了。她们有很多共同点，在一起也很开心。薇琪不知道该怎么办。一方面她想不见肖娜了，这样不适感就会消失。另一方面，她又想忍受这种不适感，希望肖娜不会背叛她。

大卫赢得了一张免费的音乐会门票，因为他是第 30 个给电台节目打电话的人。当他去取这张票时，他发现自己还能再拿一张免费门票，不过要花 1 个小时排队。他很想要这张门票，因为这样的话，他就可以带一个朋友一起去音乐会。不过和一群陌生人排着长队，令他感到很不舒服。排还是不排？这是一个问题。

实战演练 1

假设你处在摩根的情境中，圈出最能描述你不适程度的词语。如果你是她，你会怎么做？

非常低　　　　低　　　　中等　　　　高　　　　非常高

_____

假设你处在马特的情境中，圈出最能描述你不适程度的词语。如果你是他，你会怎么做？

非常低　　　　低　　　　中等　　　　高　　　　非常高

_____

　　假设你处在薇琪的情境中，圈出最能描述你不适程度的词语。如果薇琪能忍受这种不适，最终她会收获什么呢？

非常低　　　　低　　　　中等　　　　高　　　　非常高

_____

　　假设你处在大卫的情境中，圈出最能描述你不适程度的词语。如果大卫能忍受排队带来的不适，他会得到什么呢？

非常低　　　　低　　　　中等　　　　高　　　　非常高

_____

实战演练 2

　　在每一条描述前写下数字 1（低）到 10（高）用以描述你的不适程度。然后描述你忍耐后的回报。

　　_____　你在练习举重以增加肌肉力量，但是锻炼进行到一半你就厌倦了。

　　继续忍受带来的好处：_____

_____

　　_____　你在为邻居临时照看孩子，他们打电话来问你是否能多照看两小时。他们给了你很好的报酬，你也需要这些钱，但是你已经迫不及待想要离开去见朋友。

继续忍受带来的好处：＿＿＿＿＿＿＿＿＿＿＿＿＿＿＿＿＿＿＿

＿＿＿＿＿＿＿＿＿＿＿＿＿＿＿＿＿＿＿＿＿＿＿＿＿＿＿＿＿＿＿＿

＿＿＿＿＿＿ 你的约会对象一直以来都很风趣幽默、友好而善良。但这时他突然提出让你陪他去看一档你无法忍受的电视节目。

继续忍受带来的好处：＿＿＿＿＿＿＿＿＿＿＿＿＿＿＿＿＿＿＿

＿＿＿＿＿＿＿＿＿＿＿＿＿＿＿＿＿＿＿＿＿＿＿＿＿＿＿＿＿＿＿＿

＿＿＿＿＿＿ 周五的晚上你一个人在家，感觉很孤单。一些朋友打电话叫你去做些有意思、但可能引起麻烦的事。

继续忍受带来的好处：＿＿＿＿＿＿＿＿＿＿＿＿＿＿＿＿＿＿＿

＿＿＿＿＿＿＿＿＿＿＿＿＿＿＿＿＿＿＿＿＿＿＿＿＿＿＿＿＿＿＿＿

＿＿＿＿＿＿ 你的父母又吵架了，你感到很沮丧。你以前想过要离家出走，今晚这种想法尤为强烈。

继续忍受带来的好处：＿＿＿＿＿＿＿＿＿＿＿＿＿＿＿＿＿＿＿

＿＿＿＿＿＿＿＿＿＿＿＿＿＿＿＿＿＿＿＿＿＿＿＿＿＿＿＿＿＿＿＿

＿＿＿＿＿＿ 为了毕业，你需要重修挂科的课程。你讨厌那门课并和授课教师关系不好。

继续忍受带来的好处：＿＿＿＿＿＿＿＿＿＿＿＿＿＿＿＿＿＿＿

＿＿＿＿＿＿＿＿＿＿＿＿＿＿＿＿＿＿＿＿＿＿＿＿＿＿＿＿＿＿＿＿

你曾忍耐过下面哪些情况，并获得了回报。圈出它们。你有过类似经历吗？举个例子。

学习走路	看牙医
早早起床	完成一项无聊的任务
和陌生人说话	承认自己错了
备战一次测验	帮助了他人
寻求帮助	尝试一项新活动
接种疫苗	面对恐惧

我的故事：

_____

_____

_____

_____

　　现在请描述你生活中面临的一次挑战，其中你必须决定是否要忍受不适。说明忍受不适可能带来的好处。

_____

_____

_____

今日确认

忍耐不适能够给我带来很多好处。

证明你存在的方式，
是承担你的责任

导 语

如果你将生活的不顺归咎于他人或者外部环境，这就意味着你放弃了对生活的掌控，你会悲观无助。承担生活的责任意味着你可以掌控自己的思想、情感和行为。这会使你重新获得力量并让你找回真正的自我。

心理课教授乔丹让康纳下课后留下来。因为康纳一直很喜欢心理学，但是最近上课时却总提不起精神，表现得懒洋洋的。乔丹教授问他是不是发生了什么事。

"一堆事，"康纳说，"我没选上篮球队，教练对我格外苛刻。然后，我母亲又和一个我都不认识的人结婚了。这些人毁了我的生活，毁了我的前途，气死我了。"

"这些事情确实很棘手，"乔丹教授说，"我能理解你。但是听上去，你在因为自己的不幸和失败而埋怨他人。"

"本来就是他们的错，"康纳说，"如果教练很通情达理，我就能入选；如果母亲不做这么愚蠢的事，我也能更专心学习。"

"当我们不喜欢生活中的某些事时，"乔丹教授说，"我们会倾向于责怪他人，自己却什么也不做。但是责怪他人让我们变成了没有用的受害者，还会降低我们的存在感，引起自我价值感低落，陷入怨恨、沮丧和自卑。"

"但是教练和母亲对我的影响很大，我又不能改变他们。"康纳说。

"既然不能改变他们，你就要学会掌控自己，找回你的主动权。"乔丹先生说，"你可以去问问教练，明年要想入选，你该如何努力？然后勤奋练习，提高自己，让别人看到你的实力。同样，你有什么想法，可以告诉你的母亲。然后你要下定决心，不让她影响到你。你要为自己的行为和情感负责，责备他人只会让你悲观无助。因为责备他人，实际上是逃避责任，在逃避责任的过程中，你的存在感和自我价值感也会随之降低。勇于承担责任，则会让你获得更多的存在感，逐渐拥有真正的自我，发挥真实的潜能。"

实战演练 1

格蕾琴喝酒后开车被警察抓住了，她觉得是闺蜜的错，因为是闺蜜劝她喝酒的。

格蕾琴该如何拿回主动权？ _____

_____

斯科特的心理学考试不及格。他觉得是老师的错，因为老师没有给大家辅导。

　　斯科特该如何拿回主动权？ _____

_____

　　伊桑把乔告诉他的一个秘密说了出去，这让乔很生气。伊桑觉得这是乔自己的错。谁让乔首先就把秘密告诉了他呢？

　　伊桑该如何拿回主动权？ _____

_____

　　劳拉的自我价值感很脆弱。她觉得父母对她太挑剔了。

　　劳拉该如何拿回主动权？ _____

_____

实战演练 2

　　在你想责怪他人的情景前写一个"B"

_____　我撞到了脚趾。

_____　我丢了书。

_____　我在人行道或者大厅绊倒了。

_____　我的测验或者论文成绩得分很低。

_____　我弄洒了饮料。

_____　我和同学发生了争吵。

_____　我很生气。

_____　我撞到了某人。

_____　我忘了做家务。

_____　我睡过了。

_____　我在一次体育比赛中丢了一个球。

_____　我把手机弄丢了。

_____　我的卧室很乱。

_____　我不小心弄坏了一扇窗户、一个灯具或者其他财物。

_____　我上课迟到了。

_____　我煲电话粥的时间过长。

哪些是你自己的责任？圈出它们。你还可以添加更多。

我的情感	我的行为	我对自己的感觉如何
我的工作	我的信仰	我是如何对待他人的
我是如何对待自己的	我的家务	我的作业
_____	_____	_____

在下列环境中，如果不高兴了，你通常会责备谁？写出他们的名字。

在家里

_____

在学校

_____

和朋友一起

你可能已经知道了，我们要的是理解，而不是责备。责备不仅会压缩别人的存在感，自己的存在感也会降低。一旦你能做到理解，在良好沟通的基础上，你就会努力去承担属于自己的责任。

为了承担责任，获得更多更大的存在感，你能做些什么呢？

要做出改变，你需要有什么想法？

要做出改变，你需要有什么行为？

单拿出一张纸，写信给你曾责怪的人，告诉他你已经收回了自己的想法。（是否真的要寄出这封信由你自己决定。）

> ❝
>
> **今日确认**
>
> 如果连自己的责任都不承担，怎么能证明我的存在呢？

直觉是
难得的礼物

导 语

自我认知需要理性思考，但更离不开直觉。

直觉可以瞬间让你敞开心扉，顿悟宇宙人生的秘密。

著名作家韦恩·戴尔博士说："祷告是我们在向上帝说话，而直觉则是上帝在向我们说话。"

其实，自己到底想要什么，我们的内心特别清楚。也许我们一直想要去教书、行医或者爬山，也许我们一直被某种特别的运动或者爱好吸引着。当我们思考这些事情时，可能连自己也不知道为什么想要这些；我们只知道，这是一种内心深处的渴望，当我们参与这些活动时，感觉很好，否则，就会莫名其妙地感到焦躁不安，无精打采。

该如何做决定呢？有时我们没有任何理由，却坚信这个决定就是正确的。有时，我们也会有一种强烈而深刻的预感，某些事要发生了。比如"马丁一会儿要打电话过来"，或者"我有一种感觉，我一定会再回到这里"。

这种强烈而深刻的感觉叫作直觉。

一次，有人问爱因斯坦："请问，你是如何发现相对论的？"

"依靠直觉和想象。"爱因斯坦回答。

数学家杰克斯·哈德马德说："直觉宛如晨钟暮鼓般将我点醒，于是一个苦苦思考的问题便在刹那间得到了答案。"

来自直觉的信息不仅会被我们的思想注意到，也会被我们的身体察觉到。实际上直觉本身就是身、心、灵的统一。有时直觉传递出的这些信息和逻辑并不吻合，你当时理解不了，但最后却发现，它们非常准确，远远超出了自己的理性思考。有时我们没有听从直觉，事后就会想："我真不该那样做——为什么我不跟着直觉走呢？"

在自我认知的道路上，发现并聆听直觉尤其重要。

直觉是难得的礼物。关注直觉带给我们的信息，能帮我们深入内心的深处，找到真实的自我。

实战演练 1

不要思考，仅靠直觉来圈出你的答案。

你最喜欢哪种颜色？

红色　橙色　黄色　蓝色　绿色　紫色　灰色　黑色　白色

你最喜欢哪种形状？

你最喜欢哪个数字？

6　　　3　　　10　　2　　　5　　　8　　　4　　　9　　　7　　　1

你最喜欢哪个符号？

你最喜欢哪种字体？

这种　　　　**这种**　　　　这种　　　　**这种**　　　　这种

说出几个你凭直觉喜欢与之交往的人的名字。

_____

在内心深处，每个人都知道自己想要什么。有人想要成为一名建筑师，有人想成为一位父亲，有人想要去旅行或者学习艺术。你对未来有哪些肯定的想法呢？举例说明。

_____

当你确认某事的时候，身体会有反应吗？比如说胸口一紧或者心跳加速？

_____

你是否曾经被某事或者某人深深吸引过，就好像有一股磁场推着你走向他们？

_____

你是否曾感觉到直觉在和你对话呢？

实战演练 2

接下来的几天，注意并记录你的任何预感。预感往往没有逻辑可言。你能感知到，却不是很清楚。例如，"我有预感快要下雨了"，或者"尽管对方的胜算更大，我预感我们能赢"。

重要提示：如果你的直觉曾经告诉你去做一些违法的、不道德的，或者会使你陷入麻烦的事情时，你可要小心。这可能是一种被误导的思想，因为真正的直觉很少会带给你负面的结果。

第一天的直觉：＿＿＿＿＿＿＿＿＿＿＿＿＿＿＿

＿＿＿＿＿＿＿＿＿＿＿＿＿＿＿＿＿＿＿＿＿＿＿

第二天的直觉：＿＿＿＿＿＿＿＿＿＿＿＿＿＿＿

＿＿＿＿＿＿＿＿＿＿＿＿＿＿＿＿＿＿＿＿＿＿＿

第三天的直觉：＿＿＿＿＿＿＿＿＿＿＿＿＿＿＿

＿＿＿＿＿＿＿＿＿＿＿＿＿＿＿＿＿＿＿＿＿＿＿

为了练习你对直觉的感知，请做下面这些练习。当你做完后，描述下你对它们的感觉。

安静而舒适地坐下，面前摆放几张白纸或者电脑。清空你的大脑，写下"我记得……"后面写下所有涌现的思想。继续写下你的大脑中闪现出的任何思想，不要思考、判断，忽略拼写、语法、发音以及其他任何写作规则。单纯地让你的直觉接管你的大脑，记下任何涌现的思想。只要感觉好，你可以一直写下去。

安静而舒适地坐下，闭上眼睛。做几次深呼吸，观察你脑海中浮现的画面。让你的想象指引着你。你观察到了什么？

在一天内的任何时候，你都可以停止手头上的事，聆听自己的心声。感受你的心跳和呼吸。感受你肌肉的活动，放轻松。闭上眼睛，感受你的能量。当你已经达到神形合一后，静静地聆听你从内心深处得到的任何信息。

注意你是如何对他人和情景做出反应的。当你发现自己正陷入艰难的思考中，尝试放手并打开心扉。让答案和行动来源于直觉而不是你的大脑。注意你受到的影响。

在安全和健康的前提下，做出能带给你快乐的决定。快乐的感觉比幸福更加深沉，覆盖面也更广。能够感受到真正的快乐，通常意味着我们正在追随直觉和真实的自我。

今日确认

相信直觉，追随真实的自我。

往好处想，
真的能变好

导　语

往坏处想，人学会了抱怨；往好处想，人学会了感恩。

感恩，指的是对周围事物的感激与珍惜之情。常怀感恩之心，我们才会注意到生活中的美好，并为之欢欣鼓舞。常怀感恩之心，我们才会与幸福永久相伴，内心终归平静。

特洛伊觉得自己的生活就像是一潭死水，一成不变。

每天醒来，父母就开始唠叨，催促自己做家务。放学打工，迎接自己的是永远理不完的货架。他还要打起精神对那些素昧平生的顾客笑脸相迎。晚上回家，他还得完成作业，假装自己很认真。他烦透了这一切，只有和女朋友凯莉在一起时，他才会真正快乐。

不过最近，连凯莉都没法帮他摆脱烦恼了。

一天，凯莉爆发了："我受够了！你成天只会抱怨父母，抱怨学校，抱怨工作。这些糟心事，我一点都不想听了！其实，生活没那么糟，你只是不珍惜。现在连我对你也没那么重要了。以后我们还是少见面吧。"

"别这样！对不起，我只是太烦了。生活中没有任何开心事，但我却不知道如何改变。我真的不想失去你！"特洛伊说道。

"你不是要改变生活，而是要改变自己的态度。与其抱怨生活，不如感恩生活。凡事想想好的一面。父母再差劲，至少你有。否则你可能就是孤儿。大学再无聊，至少你还能平平安安地去上学。你有没有想过那些躺在医院里的孩子。他们有多么渴望能去上一堂无聊的课！兼职再辛苦，至少你还能赚钱，为逛商场看电影买单。"凯莉说。

"没错！你这样一说，我才明白生活中有太多值得感恩的事了。希望我能一直保持这种感恩的心。"

"关注事物好的一面，你就会更快乐。你和别人相处也会更融洽。"

实战演练 1

和特洛伊一样，我们很多人都把生活中的很多事看作是理所当然，身在福中不惜福。下面列举的东西很多人都没有。想一想如果你没有了这些会怎样，把那些你所感恩的事物圈出来。

视力	住所	冰箱里的食物	朋友
听力	睡觉的床	言论自由	说话
味觉	家庭	阅读能力	教育
大脑	爱	自主呼吸	

完成下列句子：

我很感激＿＿＿＿＿＿＿＿＿＿＿＿＿＿＿＿＿＿＿＿＿＿

＿＿＿＿＿＿＿＿＿＿＿＿＿＿＿＿＿＿＿＿＿＿＿＿＿＿＿

我很幸运，因为＿＿＿＿＿＿＿＿＿＿＿＿＿＿＿＿＿＿＿

＿＿＿＿＿＿＿＿＿＿＿＿＿＿＿＿＿＿＿＿＿＿＿＿＿＿＿

我很感激的一件事是＿＿＿＿＿＿＿＿＿＿＿＿＿＿＿＿＿

＿＿＿＿＿＿＿＿＿＿＿＿＿＿＿＿＿＿＿＿＿＿＿＿＿＿＿

我永远感谢的一件事是＿＿＿＿＿＿＿＿＿＿＿＿＿＿＿＿

＿＿＿＿＿＿＿＿＿＿＿＿＿＿＿＿＿＿＿＿＿＿＿＿＿＿＿

发现自己的优点，并为之感恩。根据以下分类，分别写出三个你感恩自己的方面。

身体上

1.＿＿＿＿＿＿＿＿＿＿＿＿＿＿＿＿＿＿＿＿＿＿＿＿＿＿

2.＿＿＿＿＿＿＿＿＿＿＿＿＿＿＿＿＿＿＿＿＿＿＿＿＿＿

3.＿＿＿＿＿＿＿＿＿＿＿＿＿＿＿＿＿＿＿＿＿＿＿＿＿＿

精神上

1.＿＿＿＿＿＿＿＿＿＿＿＿＿＿＿＿＿＿＿＿＿＿＿＿＿＿

2.＿＿＿＿＿＿＿＿＿＿＿＿＿＿＿＿＿＿＿＿＿＿＿＿＿＿

3.＿＿＿＿＿＿＿＿＿＿＿＿＿＿＿＿＿＿＿＿＿＿＿＿＿＿

心理上

1.＿＿＿＿＿＿＿＿＿＿＿＿＿＿＿＿＿＿＿＿＿＿＿＿＿＿＿

2.＿＿＿＿＿＿＿＿＿＿＿＿＿＿＿＿＿＿＿＿＿＿＿＿＿＿＿

3.＿＿＿＿＿＿＿＿＿＿＿＿＿＿＿＿＿＿＿＿＿＿＿＿＿＿＿

实战演练 2

从下周起，关注生活中好的一面。每天晚上睡觉前，写下你今天感恩的 5 件事。比如"我今天起床了"、"我在接力赛中赢了"、"今天天气很好"等。睡前尽量多想些。

周一

1.＿＿＿＿＿＿＿＿＿＿＿＿＿＿＿＿＿＿＿＿＿＿＿＿＿＿＿

2.＿＿＿＿＿＿＿＿＿＿＿＿＿＿＿＿＿＿＿＿＿＿＿＿＿＿＿

3.＿＿＿＿＿＿＿＿＿＿＿＿＿＿＿＿＿＿＿＿＿＿＿＿＿＿＿

4.＿＿＿＿＿＿＿＿＿＿＿＿＿＿＿＿＿＿＿＿＿＿＿＿＿＿＿

5.＿＿＿＿＿＿＿＿＿＿＿＿＿＿＿＿＿＿＿＿＿＿＿＿＿＿＿

周二

1.＿＿＿＿＿＿＿＿＿＿＿＿＿＿＿＿＿＿＿＿＿＿＿＿＿＿＿

2.＿＿＿＿＿＿＿＿＿＿＿＿＿＿＿＿＿＿＿＿＿＿＿＿＿＿＿

3.＿＿＿＿＿＿＿＿＿＿＿＿＿＿＿＿＿＿＿＿＿＿＿＿＿＿＿

4. _____

5. _____

周三

1. _____

2. _____

3. _____

4. _____

5. _____

周四

1. _____

2. _____

3. _____

4. _____

5. _____

周五

1. _____

2. _____

3. _____

4. _____

5. _____

周六

1. _____.
2. _____
3. _____
4. _____
5. _____

周日

1. _____
2. _____
3. _____
4. _____
5. _____

一周结束后，写下关注自己优点给你带来的影响或改变。

_____

_____

今日确认

往坏处想真的会变坏，往好处想真的会变好。

关爱的力量

导 语

关爱是一种深切的同情或关怀。

学会关爱每个人，包括你自己，是提高自我价值感的关键。

　　每个人都要经历从出生到死亡的历程。在这个历程中，我们都想要成功，也想要快乐。我们都想要自我感觉良好，也想要被关爱。我们都力求过上和睦的生活，没有痛苦，快快乐乐。

　　我们都在尽自己所能去做到最好。

　　从最基本的层面来看，每个人本质上都由同样的物质构成——无论是身体上、情感上，还是精神上。我们有着共同的需求，处在一个公平的竞技场上。没有人比别人更强大或更弱小。我们有着相似的行为方式。基本的生活动力和人类的本能赋予了我们关爱的力量。

　　当我们不再为自己感到不安时，关爱便油然而生。当我们不再感受到来自于他人的威胁时，我们便会对他人产生关爱。当我们认同自己的条件、力量和缺点时，我们也会关爱自己。无论在何种环境下，我们都会爱护并认同自己。我们在关爱一切生物的同时，也提升了自我价值感和存在感。

实战演练 1

对于每种情形，记录下你担心或者同情的程度，用 1（低）到 10（高）来标记，同时记录下你的感受。从下列感受中选择或者写出你自己的。

痛苦　　　　　　　悲伤　　　　　　　无助　　　　　　　生气

1.你朋友的父母去世了。

担心/同情：＿＿＿＿＿＿　　感受：＿＿＿＿＿＿＿＿＿＿＿＿＿

2.一只小狗一瘸一拐在雨中行走。

担心/同情：＿＿＿＿＿＿　　感受：＿＿＿＿＿＿＿＿＿＿＿＿＿

3.新闻报道，一个人在飓风中失去了所有的东西。

担心/同情：＿＿＿＿＿＿　　感受：＿＿＿＿＿＿＿＿＿＿＿＿＿

4.一个小孩患了不治之症。

担心/同情：＿＿＿＿＿＿　　感受：＿＿＿＿＿＿＿＿＿＿＿＿＿

5.你的祖父母一点点老了。

担心/同情：＿＿＿＿＿＿　　感受：＿＿＿＿＿＿＿＿＿＿＿＿＿

6.你的弟弟妹妹被父母严厉惩罚了。

担心/同情：＿＿＿＿＿＿　　感受：＿＿＿＿＿＿＿＿＿＿＿＿＿

7.一只双目失明的小猫。

担心/同情：＿＿＿＿＿＿　　感受：＿＿＿＿＿＿＿＿＿＿＿＿＿

8.你在街上看到一个无家可归的人。

担心/同情：＿＿＿＿＿＿＿　　感受：＿＿＿＿＿＿＿＿＿＿＿＿＿＿＿＿＿＿

9.高速公路上一个人的车坏了，他站在了路边。

担心/同情：＿＿＿＿＿＿＿　　感受：＿＿＿＿＿＿＿＿＿＿＿＿＿＿＿＿＿＿

10.家畜遭到了虐待。

担心/同情：＿＿＿＿＿＿＿　　感受：＿＿＿＿＿＿＿＿＿＿＿＿＿＿＿＿＿＿

当你在表达关爱时，从下列陈述中勾选你可能使用的语句。

□ "我对你的不幸深表同情。"　　□ "我能怎么帮你？"

□ "你还好吗？"　　□ "告诉我能做什么。"

□ "我想帮帮你。"　　□ "没事的。"

□ "我会帮你解决这件事情的。"　　□ "我很担心你。"

□ "事情会有转机的。"　　□其他：＿＿＿＿＿＿＿

圈出下列你会做出的关爱的行为：

倾听　　　　　　　　拥抱　　　　　　　　　鼓励

关注　　　　　　　　陪伴　　　　　　　　　情感支持

经济支持　　　　　　其他：＿＿＿＿＿＿＿

选择上述情形中的两种，说出你会怎么对待那个人或者动物。

情形：＿＿＿＿＿＿＿

我会说什么：＿＿＿＿＿＿＿＿＿＿＿＿＿＿＿＿＿＿＿＿＿＿＿＿＿

我会做什么：_____

情形：_____

我会说什么：_____

我会做什么：_____

实战演练 2

你对关爱自己有什么看法和感受？

_____

_____

_____

　　你可能不习惯于直接去关爱自己，但是如果你知道如何去关爱他人，你也会知道如何去关爱自己。想想上面富有同情心的话语和行为，描述你在下述情形中会怎样关爱自己。

　　有人拒绝了你的约会邀请。

_____

　　你在演讲中忘词了。

_____

　　你没有入选球队。

_____

你感到很孤独。

_____

_____

当你被老师提问时，你回答错了。

_____

_____

你度过了艰难的一天。

_____

_____

回想你最近所处的困境。在一张单独的纸上，给自己写一封充满同情的信。想想你在关心自己的好友时，会用哪些话？将这样的话用到这封信中。

今日确认

关爱自己能提高自我价值感。

敞开心扉，
你能看到更多的可能性

导　语

你可以把自己的心再敞开一些，这样就能看见更多的可能性。

当你能看到生活中更多的可能性时，当你意识到自己成长的潜能时，你会得到自己想要的一切。

乔西正在和他的叔叔布莱恩一起钓鱼。他们聊到了家里的事。乔西满腹牢骚，因为父亲希望他将来能经商，但是他一点都不感兴趣。同时，他觉得上课、打零工和打篮球都很没意思。他对生活感到很绝望，有时甚至想离家出走。

布莱恩叔叔问道："为什么不做些什么来改变这一切呢？"

"我能做什么？"乔西说，"我是家里的长子，父亲希望我从商，可我想当警察。我又没有任何工作经验，只能在快餐店打工。我从小学就开始打篮球，现在也不能半途而废呀。"

"你说了好多不行、不能，"布莱恩叔叔说，"听上去你看待生活的目光很狭隘，处处受限。"

"什么意思？"乔西问道，"那我该怎么看待生活呢？"

"不要只盯着眼前的困难，去看看其他的可能性。"布莱恩叔叔说，"和你父亲聊聊，告诉他你未来真正想做的事情。改变你的课程，为将来当警察做准备。找一份新零工，看看有什么结果。尝试一项新的运动——或者暂时就不运动了。"

"可是我觉得自己被困住了，"乔西说，"什么都改变不了。"

"你只是觉得自己被困住了，"布莱恩叔叔说，"事实上生活中有着无限的可能。我们今天可以来钓鱼，但是我们也可以不来。我们可以现在就回家，或者干脆躺在码头上小睡。我可能把你推进水中，然后跳下去和你一起游泳。

"你可能觉得自己被家庭、经历，或者性格束缚住了——但是实际上，困住你的恰恰是你自己。如果你相信能有其他选择，你就会去正视它们。当我们敞开心扉，去寻找无限的可能时，我们会逐渐成长。纵使在我们面前有上百万条道路，我们也能做出选择。"

实战演练 1

列举每天你会做的 10 件事。在每件事后，列举你可能做的其他选择。它没必要是你真会去做的事，只是一种新的可能。例如，每天早上，如果你习惯从右侧下床，可以试着从床尾爬起来。打招呼的时候，如果你喜欢说"嗨"，试着说"嘿"，或者"你好"。让你的大脑练习求异思维。

常规活动

1.＿＿＿＿＿＿＿＿＿＿＿＿＿＿

2.＿＿＿＿＿＿＿＿＿＿＿＿＿＿

3.＿＿＿＿＿＿＿＿＿＿＿＿＿＿

4.＿＿＿＿＿＿＿＿＿＿＿＿＿＿

5.＿＿＿＿＿＿＿＿＿＿＿＿＿＿

6.＿＿＿＿＿＿＿＿＿＿＿＿＿＿

7.＿＿＿＿＿＿＿＿＿＿＿＿＿＿

8.＿＿＿＿＿＿＿＿＿＿＿＿＿＿

9.＿＿＿＿＿＿＿＿＿＿＿＿＿＿

10.＿＿＿＿＿＿＿＿＿＿＿＿＿

其他选择

1.＿＿＿＿＿＿＿＿＿＿＿＿＿＿

2.＿＿＿＿＿＿＿＿＿＿＿＿＿＿

3.＿＿＿＿＿＿＿＿＿＿＿＿＿＿

4.＿＿＿＿＿＿＿＿＿＿＿＿＿＿

5.＿＿＿＿＿＿＿＿＿＿＿＿＿＿

6.＿＿＿＿＿＿＿＿＿＿＿＿＿＿

7.＿＿＿＿＿＿＿＿＿＿＿＿＿＿

8.＿＿＿＿＿＿＿＿＿＿＿＿＿＿

9.＿＿＿＿＿＿＿＿＿＿＿＿＿＿

10.＿＿＿＿＿＿＿＿＿＿＿＿＿

　　圈出下列你可能陷入的固有思维。在空白线上添加你自己的情况。然后敞开心扉，写下你能选择的另一种思维。

　　"我是个失败者。"＿＿＿＿＿＿＿＿＿＿＿＿＿＿＿＿＿＿＿＿＿

　　"我改变不了。"＿＿＿＿＿＿＿＿＿＿＿＿＿＿＿＿＿＿＿＿＿＿

　　"我很糟糕。"＿＿＿＿＿＿＿＿＿＿＿＿＿＿＿＿＿＿＿＿＿＿＿

　　"我很愚蠢。"＿＿＿＿＿＿＿＿＿＿＿＿＿＿＿＿＿＿＿＿＿＿＿

　　"我只会犯错。"＿＿＿＿＿＿＿＿＿＿＿＿＿＿＿＿＿＿＿＿＿＿

　　"我永远也没法做到最好。"＿＿＿＿＿＿＿＿＿＿＿＿＿＿＿＿＿

　　其他：＿＿＿＿＿＿＿＿＿＿＿＿＿＿＿＿＿＿＿＿＿＿＿＿＿＿＿

实战演练 2

　　敞开心扉就像打开一扇门一样。开得越大，你就会看到越多的东西。现在你站在房间的门边上，将门打开 1 英寸，刚好能看到外面。列举你从门缝中看到的东西。

_____

　　将门缝开大些，到 6 英寸。又多看到了哪些东西？

_____

　　将门缝再开大些，到 3 英尺。又多看到了哪些东西？

_____

　　列举几种你曾遭遇过的困境。

_____

_____

　　从以上情形中选出一项，如果从固有思维的角度来叙述（相当于你的心门只打开了 1 英寸），会是怎样的情形？

_____

_____

将心门打开 6 英寸，你会发现有哪些新的可能呢？

_____

将心门打开 3 英尺，你又会发现有哪些新的可能呢？

_____

如果有无限种可能，明天你会做出什么不一样的事情？

_____

下个星期呢？

_____

_____

明年呢？

_____

_____

如果有无限种可能，你会选择如何去看待自己？

_____

_____

今日确认

打开心门，我看见了无限的可能。

想法是行动
的种子

导　语

事情未做，想法先行。

当我们意识到想法的力量时，就可以利用它，去创造我们想要的生活。

你所做的每件事都是从想法开始的。比如说，你在看电影，这是因为你先有了看电影的想法。如果你正在穿衣服，这是因为你先有了穿衣服的想法。如果你正在和某人交往，这是因为你先有了和那个人说话的想法。

我们首先会想要什么（我想吃比萨），接着再想做什么（我想要去做一个比萨），最后才是行动（从冰箱中拿出一个比萨放进烤箱里）。有时我们没能将想法付诸行动，就是缺了最后一步——动起来，从沙发上爬起来，去做比萨。

有时你会无力感爆棚，觉得自己什么都做不好。你会觉得生活一片昏暗，看不到任何希望。你甚至会产生破罐破摔的念头，不想去提高自我价值感和存在感，认为它们反正都很低，再努力也无济于事。诚然，生活中有很多事情我们无法掌控，比如死亡、疾病、背叛、受排挤或伤害。困难或灾难经常不请而来，我们却无能为力。然而，尽管不可控的事情千千万万，但我们依旧可以在自己力所能及的范围内去做一些事情。有了想法，我们就能付诸行动，并最终达成自己的目标。

实战演练 1

　　下图显示了我们从想法到达成结果的途径。首先有想法：我想要滑雪。接着有打算：我应该去上滑雪课。然后是行动起来：请假，上滑雪课。最后结果是：真的开始滑雪了。

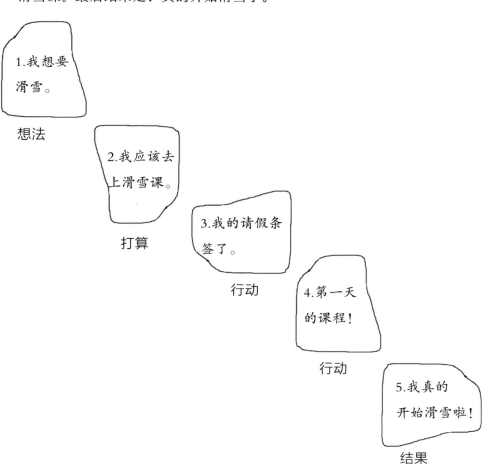

写出以下例子中达成结果的途径。通常我们需要两个以上的行动，不过在此仅写两条。

一对好朋友拿到了流行音乐会的门票。

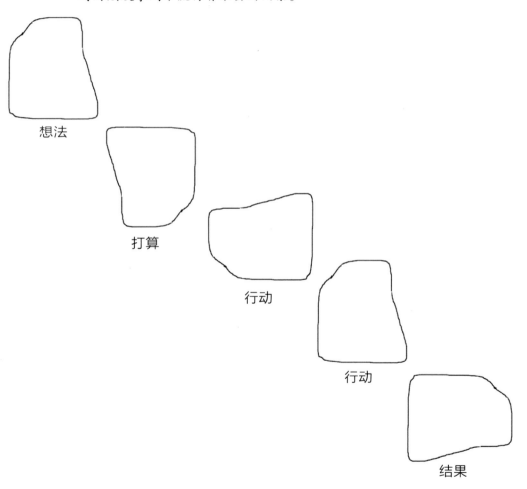

想法

打算

行动

行动

结果

某人买新衣服。

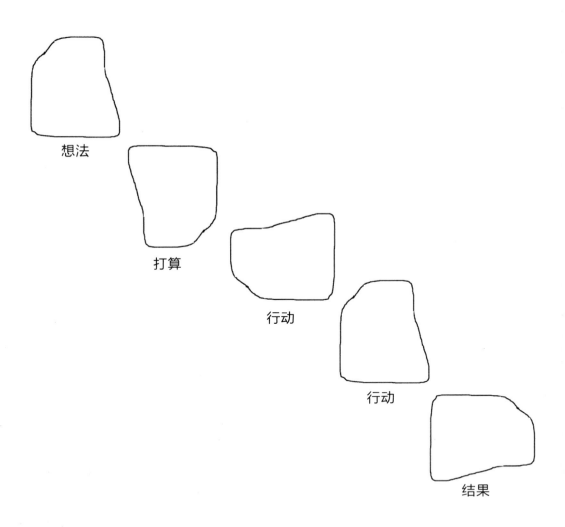

程序员开发了一个电脑游戏。

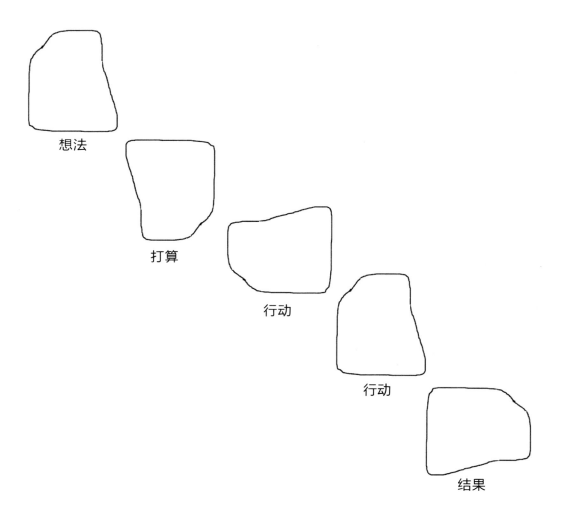

想法

打算

行动

行动

结果

总统正在宣誓入职。

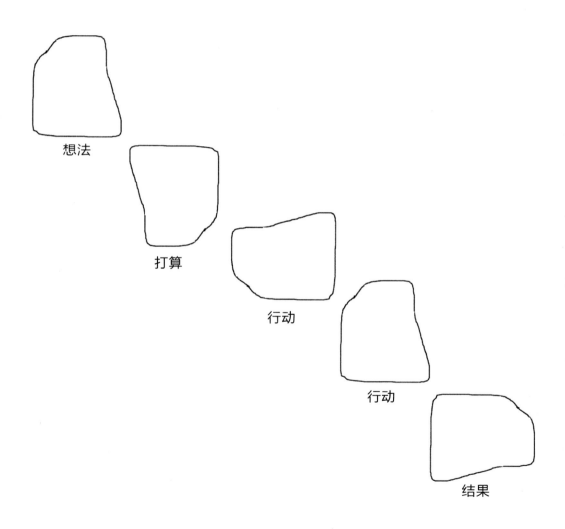

实战演练 2

生活中，你曾有过哪些一念之举呢？列举出五件这样的事情。可以是任何事情，比如学习走路、打保龄球、获奖等等。

1._____

2._____

3._____

4._____

5._____

今天早晨你从有想法到执行的事情有哪些？列举五件。

1._____

2._____

3._____

4._____

5._____

为你想要做的一件事写一个达成途径。

想法：_____

_____

打算：_____

_____

行动：_____

_____

结果：_____

_____

请你为提升自我价值感写一条达成途径。

想法：_____

_____

打算：_____

_____

行动：_____

_____

结果：_____

_____

今日确认

哀莫大于心死。

所谓信念，
就是强大的自信

导 语

    不断提升和积累的自信，并不会变成自大、傲慢，或者狂妄，而是会变成信念。

    当你的自信变成信念之后，当你对自己和自己的目标拥有信念之后，你会获得一股强大的力量，它可以帮助你应对挑战，追寻梦想，永不放弃。

    贝瑟尼经历了很多不幸。她出生时心脏就不好。5 岁前，她做了很多次手术，这也让她错过了很多活动。屋漏偏逢连夜雨，不堪重负的父亲离家出走了，她的母亲只好打第二份工，来供养贝瑟尼和她的妹妹蒂娅。放学后，贝瑟尼和蒂娅经常感到孤独，因为母亲没钱请保姆照看她们。在那些孤独的下午，她们只能和祖母视频聊天，祖母会指导她们做作业，鼓励她们。有时还会给她们讲笑话，逗她们笑。

    祖母的经历也很坎坷。在她八年级的时候，她的母亲在一场意外中被杀害，她只能辍学去照顾年幼的妹妹。直到她的妹妹长大了，她才高中毕业。那时，她遇到了祖父强尼。在祖父入伍前，他们生了两个孩子。强尼在战争中得了抑郁症，终日借酒消愁。回家后，祖父开始接受治疗，并慢慢从酗酒中康复。在这期间，祖母一直陪在他身边，支持他，鼓励他。

"生活中总会遇到各种困难，"祖母告诉贝瑟尼和蒂娅，"既然我们无法逃避，就只能学着如何去解决它们。面临困难时，最重要的一件事就是永不言弃！你可能同时要面对来自四面八方的困难，比如朋友、学校、健康或者家庭。困难可能一次又一次地把你打倒，但是只要你心中有着必胜的信念，你就一定会战胜它。"

实战演练 1

想象一下，框框中的人就是你。把它打扮起来，显示你充满了力量和信念。使用色彩、线条、图形或者纹理来描绘你拥有的信念。

在方框里图画的边上，写下你的信念。你可以从下列建议中选择，或者写些别的。

"我相信自己。"   "我不会气馁。"

"我不会放弃。"   "我相信会有好的结果。"

"我相信美好的事物即将发生。"

实战演练 2

你曾经取得过哪些成就？列举几个。这些成就可以是精神上的，也可以是物质上的；它们可以涉及到家庭、朋友、学校等方方面面。在那些最难完成的事情前面画一个星星。想一想，如果你在达到目标之前放弃了，现在你的生活会有什么不同呢？

_____

_____

_____

_____

从以上你画星星的成就中选一个，把它画在下图中。在图片下方的横线上写上这个成就的名称。在障碍路线的起点画上你自己。在终点处写出或画出你取得的成就。在每个障碍处，写出或画出你为了达成目标，不得不去克服的困难。（例如，如果你的目标是通过一次英语课程，你的障碍可能是测验、论文，或者一位注重成绩的老师。）

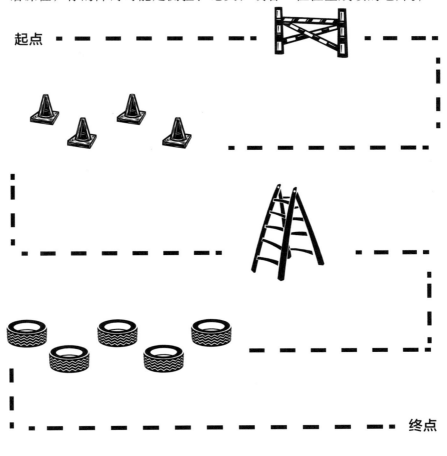

在下一张图片底部的横线上写上你正面临的一次挑战的名称。在障碍路线的起点画上你自己。在终点处写出或画出你的目标。在每个障碍处，写出或画出一些可能会阻碍你实现目标的事情。＿＿＿＿＿

162

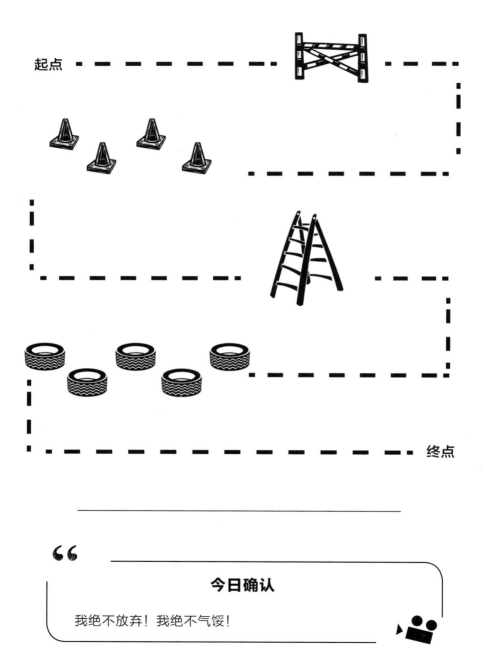

起点

终点

❝

今日确认

我绝不放弃！我绝不气馁！

选择的能力是
可以训练出来的

导 语

做出正确而明智的选择会为你带来好的结果。

一个正确的选择，虽然做起来很难，但你最终获得好结果的概率也会更大。

贾迈勒的弟弟不写作业，直接从网上抄了一份交给老师。不仅如此，他还和一些不良少年厮混在一起。贾迈勒很担心他，就问他为什么这样做。

"抄人家的比自己写简单多了，"他的弟弟说，"那些作业太难了，我可写不好。当然，我知道和那些人混在一起，可能会引起麻烦，但是这样多刺激，多有意思，感觉酷毙了。"

"抄作业看上去是件小事，"贾迈勒说，"但是你看随之而来的一系列后果——你不仅要重写作业，还被停了一天的课，妈妈和爸爸还关了你禁闭。你的决定貌似很正确，但实际上不是，因为它为你带来了不好的结果。和那些坏孩子玩也是一样。和他们出去鬼混看上去很酷，但是结果会怎么样呢？"

"结果会很糟糕，我知道，"弟弟说，"未来可能是美好的，但让我为了等待未来而放弃眼前的享乐，太不值当了。"

"你可以认真想一想，忍受一时带来一生的快乐与享受一时忍受一生的烦恼，这两者相比，那个更划算呢？"贾迈勒说，"你是愿意现在就处理这些小问题，还是等到问题变大，一发不可收拾？"

每个人今天的生活都是昨天选择的结果。

正确的选择会带来幸福的生活，让你的自我感觉良好，并提升你的存在感和自我价值感；错误的选择会带来烦恼的生活，并降低你的存在感和自我价值感。

实战演练 1

在以下情形中，写出一个正确的选择和一个错误的决定，说说各自会带来什么样的结果。

朱莉娅就想买一块巧克力，可是收银台那里排起了长队。她时间不多了，于是就想干脆把巧克力棒装在口袋里，直接离开。

可能正确的选择：＿＿＿＿＿＿＿＿＿＿＿＿＿＿＿＿＿＿＿＿＿

＿＿＿＿＿＿＿＿＿＿＿＿＿＿＿＿＿＿＿＿＿＿＿＿＿＿＿＿＿

结果：＿＿＿＿＿＿＿＿＿＿＿＿＿＿＿＿＿＿＿＿＿＿＿＿＿

＿＿＿＿＿＿＿＿＿＿＿＿＿＿＿＿＿＿＿＿＿＿＿＿＿＿＿＿＿

可能错误的决定：_____

_____

结果：_____

_____

帕特里克一直希望和埃文搭上话，因为埃文是大学里的风云人物。一天，埃文要求帕特里克在即将到来的考试中帮他作弊。

可能正确的选择：_____

_____

结果：_____

_____

可能错误的决定：_____

_____

结果：_____

_____

索菲娅的男朋友想要她在肢体接触上比现在能更亲密一些。她担心如果自己不同意，男朋友会和她分手。

可能正确的选择：_____

_____

结果:＿＿＿＿＿＿＿＿＿＿＿＿＿＿＿＿＿＿＿＿＿＿＿

＿＿＿＿＿＿＿＿＿＿＿＿＿＿＿＿＿＿＿＿＿＿＿＿＿＿＿

可能错误的决定:＿＿＿＿＿＿＿＿＿＿＿＿＿＿＿＿＿＿＿

＿＿＿＿＿＿＿＿＿＿＿＿＿＿＿＿＿＿＿＿＿＿＿＿＿＿＿

结果:＿＿＿＿＿＿＿＿＿＿＿＿＿＿＿＿＿＿＿＿＿＿＿

＿＿＿＿＿＿＿＿＿＿＿＿＿＿＿＿＿＿＿＿＿＿＿＿＿＿＿

学校里有个特别不受人待见的学生，托尼了解了他的一些私人信息。他知道，如果把这些信息传出去，大家都会认为他很酷。

可能正确的选择:＿＿＿＿＿＿＿＿＿＿＿＿＿＿＿＿＿＿＿

＿＿＿＿＿＿＿＿＿＿＿＿＿＿＿＿＿＿＿＿＿＿＿＿＿＿＿

结果:＿＿＿＿＿＿＿＿＿＿＿＿＿＿＿＿＿＿＿＿＿＿＿

＿＿＿＿＿＿＿＿＿＿＿＿＿＿＿＿＿＿＿＿＿＿＿＿＿＿＿

可能错误的决定:＿＿＿＿＿＿＿＿＿＿＿＿＿＿＿＿＿＿＿

＿＿＿＿＿＿＿＿＿＿＿＿＿＿＿＿＿＿＿＿＿＿＿＿＿＿＿

结果:＿＿＿＿＿＿＿＿＿＿＿＿＿＿＿＿＿＿＿＿＿＿＿

＿＿＿＿＿＿＿＿＿＿＿＿＿＿＿＿＿＿＿＿＿＿＿＿＿＿＿

凯西的叔叔患了不治之症住院了。她计划和家人一道去看望他。但是在同一天她被邀请去参加年度最好的一个派对。

可能正确的选择：_____

_____

结果：_____

_____

可能错误的决定：_____

_____

结果：_____

_____

实战演练 2

观察并记录一天中你自己或者他人做的决定。如果你觉得这是一个正确的选择，在其前面圈 +，如果你觉得它是个错误的决定，圈 −，并说说为什么。

+−1._____

原因：_____

+−2._____

原因：_____

+−3._____

原因：_____

+−4._____

原因：_____

　　阐述你曾经做过的一个正确的选择，并描述它带来的结果。

_____

　　这个结果给你的自我价值感带来了什么影响？

_____

　　阐述你曾经做过的一个错误的决定，并描述它带来的结果。

_____

　　这个结果给你的自我价值感带来了什么影响？

_____

　　想象一下世界上的每个人都只做正确的决定，我们的世界会有什么改变？还是没有变化？

_____

今日确认

　　选择是"根"，生活是这个"根"结出的"果"。

小问题不及时处理，
就容易变成大问题

导 语

面对艰难处境时，你可能想要忽略它、逃避它，或者干脆让它消失。

可是如果你不敢直面问题和困难，事情只会越变越糟。直面问题和困难虽然会让你感到烦躁和不舒适，但当你通过努力成功解决问题和困难之后，不仅会让你的自我感觉良好，还将大大提升你的自我价值感、自信心和存在感。

刚拿到驾驶执照的艾伦十分兴奋，每天都要抽时间开车去兜风。开始时她小心翼翼，循规蹈矩，后来随着驾驶技术的熟练，胆子也大了起来。

一天，因为鲁莽驾驶，警察给她开了一张黄色罚单。

艾伦感到很郁闷，也很烦躁，一不留神，黄色的罚单从手中滑落，掉到了地上。艾伦迟疑了片刻，却并没有把它捡起来，而是看着罚单随风飘走。艾伦笑了笑。她想，问题就这么解决了。

没过多久，艾伦就收到了一张法院的传票，到这时她才意识到自己的麻烦并没有随风而去，而是变得越来越严重。由于她没有及时认罚，处罚程度逐步加大，原来的黄色罚单变成了粉色罚单，不仅罚金加倍，还影响到车险和驾照更新。朋友告诉她，如果她再不及时处理粉色罚单，法院会控告她藐视法庭，最后直接发逮捕令，并留下案底。

艾伦逃避问题，希望问题能够凭空消失，但最终她不仅没有解决第一个问题，还导致了第二个问题的产生。

当我们不能直面问题和困难时，我们往往会把事情变得更糟。

实战演练 1

说说如果这些人不能直面困难，会产生什么新的问题。

特蕾西有社交恐惧症，与别人交谈时，她会很紧张，有时紧张得手都要出汗，她也不敢在女浴室与女生一起洗澡，看到其他女生，她甚至会紧张到吐出来。母亲给她找了一个心理医生，但是她不愿意把自己的真实情况告诉医生。

罗伯骑车撞到了邻居的汽车，在车上留下了划痕。他想在上面抹上泥，来掩盖这些划痕。

阿曼达觉得微积分太难了，因此她在考试那天逃课了。

_____

乔跟女朋友吵架了，他不想回家。他知道他的女朋友会抓狂，因此他整晚都待在了外面以逃避她。

_____

米歇尔在祖父去世以后患上了严重的头痛。她不想去看医生，因此她没有告诉她的妈妈。

_____

实战演练 2

你曾经为了逃避困难做过哪些事情？或者目睹他人做过哪些事情？在下方表格中圈出来。你可以在空白处再写一些别的行为。

暴饮暴食	喝酒	睡觉
沉迷于电视	疯狂工作	逃避某人或某事
撒谎	嗑药	孤立自己
宅在家里	过度运动	乱参加活动
责怪他人	否定问题	沉迷于电脑
逃跑	伤害自己	绝食

描述一个你正面临的困难。

如果你采用上述行为中的一种去逃避这个困难，会发生什么？

如果你这么做的话，你的自我价值感会受到什么影响？

如果你直面困难的话，会发生什么？

如果你这么做的话，你的自我价值感会受到什么影响？

今日确认

直面问题不逃避，终将受益。

大目标需要
小步骤

导 语

只有设定一个符合实际的目标，成功的概率才能最大。这种目标通常又可以通过一些小的、阶段性的步骤来完成，我们称之为短期目标。当你制订了短期的现实目标时，你实现长期目标的机会才会更大。

有想法是我们为了达成目标所做的第一步。

我们已经知道了，任何事情都有无限的可能性，阻碍我们的只有我们自己。我们可以拥有伟大的梦想，也有能力去实现这些梦想。然而，我们仍然需要采取行动。不论我们想成为什么，美发师、父亲（母亲）或者外科医生，仅靠空想是无法实现这些目标的。

在为目标奋斗时也会遇到困难，这是因为我们把目标设得太高了。例如，我们可能会想："我要改变自己的生活。这学期我要参加三个俱乐部，学习一种乐器，做一份兼职，将成绩从 D 提高到 A。"我们也会想："我要通过跑步来健身。我还要报名两周后的马拉松。"

对于大多数人来说，这些目标都不现实，因为它们会给身体和精神带来太多负担，筋疲力尽带来的结果就是半途而废。如果我们能把这种大目标的时限设长一些，将它们定成长期目标，在一段较长的时间内逐步完成，完成目标的概率就会更大。

其实，我们完全可以把长期目标分解成一个个现实的短期目标，一步步去实现。例如，短期目标包括参加一个俱乐部、学某种乐器、应聘一份兼职、花更多的时间做作业和准备考试，这些都是实现长期目标的现实步骤。每周跑三次步也是塑造体形的一个短期目标，这样将来某天你就能参加马拉松。

学会如何设定现实的短期和长期目标能帮我们取得更多成功，同时建立起更牢固的自我价值感和存在感。

实战演练 1

短期目标是在最近要实现的目标（例如通过明天的考试），然而长期目标是在遥远的未来要实现的目标（例如从大学毕业）。短期和长期目标与一个人的年龄和环境相关。

阅读下列陈述，哪些是短期目标？哪些是长期目标？在短期目标前圈上 S，在长期目标前圈 L。

S L　说一口流利的西班牙语　　S L　报名学习西班牙语

S L　申请一份工作　　　　　　S L　从事野营顾问的工作

S L　赢得一次冲浪比赛　　　　S L　每天冲浪1小时

S　L　　在长曲棍球队伍中成为最　　S　L　　在长曲棍球队伍中成为最
　　　　　　佳得分手　　　　　　　　　　　　　　佳得分手

S　L　　上体育课　　　　　　　　　S　L　　提高你的体育成绩

将以下长期目标分解成三到五个短期目标。

作为一名新人，贝基希望有一天在大学的合唱队中领唱。

1.＿＿＿＿＿＿＿＿＿＿＿＿＿＿＿＿＿＿＿＿＿＿＿＿＿＿＿＿＿＿＿＿

2.＿＿＿＿＿＿＿＿＿＿＿＿＿＿＿＿＿＿＿＿＿＿＿＿＿＿＿＿＿＿＿＿

3.＿＿＿＿＿＿＿＿＿＿＿＿＿＿＿＿＿＿＿＿＿＿＿＿＿＿＿＿＿＿＿＿

4.＿＿＿＿＿＿＿＿＿＿＿＿＿＿＿＿＿＿＿＿＿＿＿＿＿＿＿＿＿＿＿＿

5.＿＿＿＿＿＿＿＿＿＿＿＿＿＿＿＿＿＿＿＿＿＿＿＿＿＿＿＿＿＿＿＿

特雷弗想要换个更好的手机，但是他需要钱去买。

1.＿＿＿＿＿＿＿＿＿＿＿＿＿＿＿＿＿＿＿＿＿＿＿＿＿＿＿＿＿＿＿＿

2.＿＿＿＿＿＿＿＿＿＿＿＿＿＿＿＿＿＿＿＿＿＿＿＿＿＿＿＿＿＿＿＿

3.＿＿＿＿＿＿＿＿＿＿＿＿＿＿＿＿＿＿＿＿＿＿＿＿＿＿＿＿＿＿＿＿

4.＿＿＿＿＿＿＿＿＿＿＿＿＿＿＿＿＿＿＿＿＿＿＿＿＿＿＿＿＿＿＿＿

5.＿＿＿＿＿＿＿＿＿＿＿＿＿＿＿＿＿＿＿＿＿＿＿＿＿＿＿＿＿＿＿＿

科兰想在大学校刊上发表一篇文章。

1.＿＿＿＿＿＿＿＿＿＿＿＿＿＿＿＿＿＿＿＿＿＿＿＿＿＿＿＿＿＿＿＿

2.＿＿＿＿＿＿＿＿＿＿＿＿＿＿＿＿＿＿＿＿＿＿＿＿＿＿＿＿＿＿＿＿

3.＿＿＿＿＿＿＿＿＿＿＿＿＿＿＿＿＿＿＿＿＿＿＿＿＿＿＿＿＿＿＿＿

4.＿＿＿＿＿＿＿＿＿＿＿＿＿＿＿＿＿＿＿＿＿＿＿＿＿＿＿＿＿＿＿＿

5.＿＿＿＿＿＿＿＿＿＿＿＿＿＿＿＿＿＿＿＿＿＿＿＿＿＿＿＿＿＿＿＿

戴安娜想追求查尔斯，但是事实上她从没有真正地认识他。

1.＿＿＿＿＿＿＿＿＿＿＿＿＿＿＿＿＿＿＿＿＿＿＿＿＿＿＿＿＿

2.＿＿＿＿＿＿＿＿＿＿＿＿＿＿＿＿＿＿＿＿＿＿＿＿＿＿＿＿＿

3.＿＿＿＿＿＿＿＿＿＿＿＿＿＿＿＿＿＿＿＿＿＿＿＿＿＿＿＿＿

4.＿＿＿＿＿＿＿＿＿＿＿＿＿＿＿＿＿＿＿＿＿＿＿＿＿＿＿＿＿

5.＿＿＿＿＿＿＿＿＿＿＿＿＿＿＿＿＿＿＿＿＿＿＿＿＿＿＿＿＿

实战演练 2

在每个梯子的顶部，写下你想要在接下来的六个月中实现的一个长期目标。对于每个长期目标，在梯子的每个梯级上写下一个短期的目标。如果有必要可以添加更多的梯级。

我的长期目标　　　　　　　　　　　　**我的长期目标**

＿＿＿＿＿＿＿＿＿＿＿　　　　　＿＿＿＿＿＿＿＿＿＿＿

假设你把目光设定得太高，所以没能实现。这时你有什么感觉？

_____

_____

_____

如果你实现了一个长久以来的目标后，你有何感受？

_____

_____

_____

> **今日确认**
>
> 我可以定一个大目标，然后一步一个脚印，慢慢前行。

要承认，
有时我们不能独立解决问题

导 语

一个人的力量毕竟是有限的，每个人都需要他人的帮助。必要时寻求帮助有利于我们实现自己的目标，并保持自我价值感的稳定。

瑞秋最近非常沮丧，不仅成绩直线下降，还慢慢疏远了她的朋友。她的母亲觉得她应该找别人去谈谈这件事，想给她找一个心理医生。

"我才不要花钱去找一个陌生人聊天。别管我就好了。"瑞秋明确拒绝了。

一周后，瑞秋的田径教练在一次训练后把她拉到了一边。

"你的状态很不好。成绩下滑太厉害。"教练告诉她。

瑞秋知道自己状态很差，但是不知道该如何调整。她用了各种各样的方法，都不管用。

教练递给她一张名片："我建议你去找一下卡洛琳。她是我的朋友，也是一名心理医生。之前她也给队里的其他人提供过咨询，是一个很好的倾听者。同时她在大学时也曾经度过了一段困难的时光，对你们的经历感同身受。和她预约下，谈谈你的问题。否则我就只能让你休息一段时间了。"

瑞秋知道自己不能再这样下去了。她和卡洛琳医生约好了谈话时间。教练说得没错，卡洛琳不仅很和蔼，也非常理解瑞秋的处境。

她告诉瑞秋："这些都是你这个年龄会出现的正常现象。要想处理它们，你需要别人的帮助。"

卡洛琳医生还告诉了瑞秋一些方法来缓解她的情绪。

瑞秋承认："一开始我是不愿意过来的。但是在和你聊完后，确实感觉好多了。而且我也得到了一些客观的建议。"

卡洛琳医生说："这也很正常。有时我们不能独自解决问题，对此我们会感到很羞耻或尴尬。但是人们生来就是要互相帮助的。不可能所有人都是琴棋书画样样精通。如果我们什么都会，那我们就不需要职业的分工，我们还要消防员、律师、美甲师和建筑工人干什么呢？如果什么都会，我们完全可以自力更生，永远不和别人打交道。必要时寻求帮助并不可耻，相反它是勇气和智慧的一种表现。这意味着我们要勇于面对自己的问题，而不是试图逃避。"

实战演练 1

有时，我们不知道该向谁求助，我们也许认识了很多人，但真正的朋友却没几个。我们可能会感到孤独无助。但实际上，我们的生命中至少会有这样一些人——他们信任我们、关心我们。如果我们有需要，他们也乐于伸出援助之手。

　　写出一个关心你的人的名字。

_____

　　还有哪些人会信任你、支持你？在你需要时帮助你，难过时安慰你？按照以下分类，写出这些人的名字。

　　家人：

_____

　　朋友：

_____

　　邻居：

_____

　　辅导员：

_____

　　教练：

_____

　　老师：

_____

　　宠物：

_____

其他：

_____

把你的名字写在金字塔的顶端，在下方写出那些支持你的人的名字，也包括前文列举出的那些人。

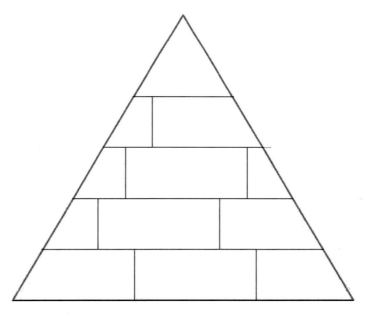

实战演练 2

给关心你的人写封信寻求帮助。你不必寄出这封信，所以可以写上你的心里话。

亲爱的 ——————————

————————————————————————
————————————————————————
————————————————————————
————————————————————————
————————————————————————
————————————————————————
————————————————————————
————————————————————————
————————————————————————
————————————————————————
————————————————————————
————————————————————————
————————————————————————
————————————————————————
                              ——————————————

如果他（她）收到了这封信，会如何帮助你呢？他（她）会说些什么？做些什么？

————————————————————————————————————

寻求帮助后，你有什么样的感觉？

————————————————————————————————————

今日确认

寻求别人的帮助，是智慧健康之举。

请相信，
还有比人类更伟大的力量

导　语

很多人都相信存在着一种更强大的力量，毕竟宇宙的创始人不是人类，宇宙也并不是按照人类的意志来运作。如果你也相信这股力量的存在，你就可以运用它来面对生活中的挑战。

人类是一种神奇的生物，通过聪明才智，改造了这个世界。

没有翅膀，我们也可以飞上天；不用运输，我们就可以将声音和图片传给对方。即使外界冰天雪地，漆黑一片，我们的家里仍然灯火通明，暖意十足。人体修复、器官移植、探索外太空……科技发展给我们带来了无限可能。

我们成立了政府，建立了医疗教育体系，建起了高楼大厦，打通了地下交通。我们会编程，我们会治病。我们还发明了洗衣机、面包机、扫描仪等等。我们还发展了艺术、文学和音乐。

尽管我们的成就令人叹为观止，但是我们无法设定星球的轨道，也不是我们创造了那 20,000 多种鱼类和 900,000 种昆虫。我们既没有创造出水循环系统，也不能干涉生命的繁殖过程。十月怀胎可不是我们定下的程序。

这种比我们更强大的力量就是大自然的力量。大自然维持了世间万物的运作，我们也是其中的一分子。所以，我们可以利用这种关系来应对生活中的挑战。

实战演练 1

在你看来，以下哪些描述属于比人类自身更强大的力量？圈出它们。

生命力	自然	上帝	和平	灵魂
信仰	神学	希望	意义	能量
永恒	感激	奇迹	智慧	目标
心脏	天堂	祈祷	自然法则	洪流
喜悦	宇宙	无限	爱	神圣

以下哪种说法符合你的认知？在上面打钩。

☐ 万事皆有缘由。

☐ 我是被爱的。

☐ 我对自己的生活有规划。

☐ 每件事都会有好结果。

☐ 我相信更强大的力量。

☐　有比我更强大的力量。

☐　祈祷和思考能带来改变。

☐　我能被更强大的力量所吸引。

☐　我是生命神圣洪流的一部分。

☐　上帝不会创造垃圾，所以我是宇宙中正能量的一分子。

你也可以继续写一些自己的想法。

_____

_____

对你来说，更强大的力量是什么样的存在呢？为它画一个符号。

用符号或线条、颜色、形状来描绘你自己关于更强大的力量的看法。

实战演练 2

如果世间万物都处在自然之力的支配下，当你接受自己的时候，是不是感觉和那股力量更接近了？当你讨厌自己的时候，是不是感觉和那股力量背道而驰？

_____

_____

拥有稳定的自我价值感是否更容易为世间万物做出贡献？

_____

_____

自然力在以下情形中对你有何帮助？

你对象放了你鸽子后去和别人约会了。

_____

_____

你不喜欢自己的身材。

_____

_____

你演讲时结巴了。

你申请了 5 个职位，但没有得到任何回应。

读一读。以下是著名的祈祷词，人们诵读它们以获得内心的平静。

请赐予我内心的平静，接受我无力改变的事情！

请赐予我勇气，改变我可以改变的事情！

请赐予我智慧，让我可以明辨这两者！

如果读完之后感觉良好，以后每当你想平静下来的时候，试着读一读。如果读完之后没有感觉，可以写下你自己的祈祷词。

今日确认

自然的力量与我同在。